职业教育课程改革与创新系列教材

模具零件数控铣削加工及技能训练

主　编　刘红伟　张　媛　于　振

副主编　汪　珉　连　琳

参　编　王　龙　于万成　于　恒

　　　　张　静　郑龙燕

机械工业出版社

本书结合全国职业院校技能大赛塑料模具工程项目的任务，经过分析，挑选出三种典型的塑料模具结构进行编写。这三种结构是企业应用最广泛，同时也是近几年全国技能大赛的核心考核项目。本书每个项目的任务实施通过相关知识学习、图样分析、制定加工工艺、程序编制、加工零件、检测零件、任务评价与鉴定、任务拓展训练八个环节，详细介绍了具体的操作步骤和参数，具有很强的指导性，便于职业院校开展项目式教学。

全书包括三个项目，即典型二板模具成型零件加工、典型滑块斜顶类模具成型零件加工、典型内滑块台阶分型面模具成型零件加工。为便于教学，本书配有电子课件，选择本书作为教材的教师可登录 www.cmpedu.com 网站，注册、免费下载。另外，书中主要知识点还植入了二维码，使用手机微信扫描即可观看所链接的内容。

本书可作为中职学校、技工院校和高职院校数控、机械和模具等专业的教材和模具工中高级考试辅导用书，也可作为机械工人的培训教材。

图书在版编目（CIP）数据

模具零件数控铣削加工及技能训练／刘红伟，张媛，
于振主编. --北京：机械工业出版社，2024.8.
（职业教育课程改革与创新系列教材）. -- ISBN 978-7
-111-76268-3

Ⅰ. TG760.6
中国国家版本馆 CIP 数据核字第 2024X6P524 号

机械工业出版社（北京市百万庄大街 22 号　邮政编码 100037）
策划编辑：汪光灿　　　　　　责任编辑：汪光灿　赵晓峰
责任校对：郑　婕　李　婷　封面设计：张　静
责任印制：常天培
固安县铭成印刷有限公司印刷
2024 年 9 月第 1 版第 1 次印刷
184mm×260mm · 15 印张 · 256 千字
标准书号：ISBN 978-7-111-76268-3
定价：48.00 元

电话服务　　　　　　　　　网络服务
客服电话：010-88361066　机　工　官　网：www.cmpbook.com
　　　　　010-88379833　机　工　官　博：weibo.com/cmp1952
　　　　　010-68326294　金　书　网：www.golden-book.com
封底无防伪标均为盗版　机工教育服务网：www.cmpedu.com

前　言

本书按照以岗位需求为导向，以数控铣削职业技能实践为主线，以任务训练为主体的原则，着力促进知识传授与生产实践紧密结合，在总结近年来职业学校数控铣削编程与操作教学经验的基础上编写而成。本书的主要特点如下：

1）借鉴国内外职业教育先进教学模式，突出项目教学，顺应现代职业教育、教学制度的改革趋势。

2）采用项目式编写形式，缩短了理论与实践教学之间的距离，内在联系有效，衔接与呼应合理，强化了知识性和实践性的统一。

3）以技能训练为宗旨，在教学环节中注重培养学生的动手能力、分析问题和解决问题的能力，以适应新技术快速发展带来的职业岗位变化，为学生的可持续发展奠定基础。

4）内容对接职业标准和岗位能力要求，反映产业结构调整与技术升级，体现了新知识、新技术、新工艺、新方法。

5）任务实施不仅关注学生对知识的理解、技能的掌握和能力的提高，还重视规范操作、安全文明生产、职业道德等职业素质的形成，以及节约能源、节省原材料与爱护工具设备、保护环境等意识与观念的树立。

6）任务的考核与评价坚持结果性评价和过程性评价相结合，定量评价和定性评价相结合，教师评价和学生自评、互评相结合，注重学生的参与。

7）为加强国产软件的推广和应用，本书采用全国职业院校技能大赛中望 3D 软件作为模具设计、加工软件，为职业院校师生的授课与学习提供了便利。

本书由青岛工程职业学院刘红伟、青岛职业技术学院张媛、齐鲁工业大学海洋技术科学学部于振任主编，上海工商信息学校汪珉、青岛工程职业学院连琳任副主编。参加编写的还有山东省轻工工程学校王龙、青岛工贸职业学校于万成、山东辰榜数控装备有限公司于恒、烟台工程职业技术学院张静、山东冶金技师学院郑龙燕。

本书在编写过程中得到了广州中望龙腾股份有限公司、山东辰榜数控装备有限公司、青岛恒誉教育科技有限公司的大力支持，在此一并表示感谢。

由于编者水平有限，书中难免有错误和不妥之处，敬请读者批评指正。

编　者

二维码索引

目　录

项目一　　典型二板模具成型零件加工

本项目为遥控器面盖典型二板模塑料模具，模具装配图如图1-1所示。模架由厂家按照标准配套工艺生产，需要本项目加工的零件有型腔（凹模）17和型芯（凸模）7。

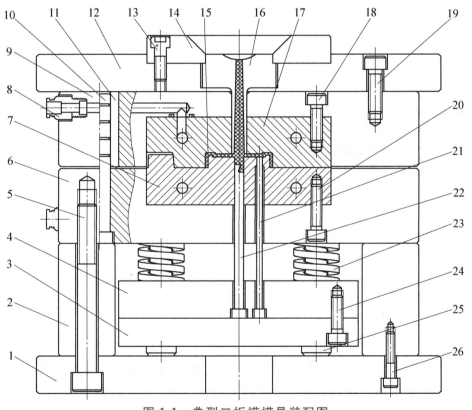

图 1-1　典型二板模模具装配图

1—动模座板　2—垫块　3—推板　4—顶杆固定板　5、13、18、19、20、24、26—内六角螺钉　6—动模板

7—型芯　8—水嘴　9—定模板　10—导柱　11—导套　12—定模座板　14—定位圈　15—塑件

16—浇口套　17—型腔　21—顶杆　22—拉料杆　23—复位弹簧　25—支承柱

模具合模时，在导柱10和导套11的导向定位下，动模部分和定模部分闭合。塑件要填充的腔体由定模板9上的型腔17与固定在动模板6上的型芯7组成，并

由注射机合模系统提供的锁模力锁紧。然后注射机开始注射，塑料熔体经定模上的浇口套 16 进入腔体，待熔体充满腔体并经过保压、补缩和冷却定型后开模。

模具开模时，注射机合模系统带动动模部分后退，模具从动模和定模分型面分开，塑件 15 包裹在型芯 7 上随动模部分一起后退，同时，拉料杆 22 将浇注系统的主流道凝料从浇口套 16 中拉出。

当动模部分到达开模行程后，注射机的推杆通过动模座板 1 中间的圆孔推动推板 3，推出机构开始动作。顶杆 21 和拉料杆 22 分别将塑件 15 及浇注系统凝料从型芯 7 中推出，塑件 15 与浇注系统凝料一起从模具中落下。推出机构在复位弹簧 23 的作用下回退到动模底部，至此完成一次注射过程。合模时，推出机构靠复位杆确认复位并准备下一次注射。

任务一　认识中望 3D 软件加工方案模块

【任务目标】

知识目标	熟知中望 3D 软件加工方案模块的进入方法和加工方案的操作流程。
技能目标	1. 掌握编程工序中零件、刀具、参数的建立方法。 2. 掌握生成加工程序的操作步骤。
素养目标	养成协同合作的团队精神，具有良好的组织纪律性。

【相关知识】

一、中望 3D 软件介绍

中望 3D 是广州中望龙腾软件股份有限公司（简称中望公司）高端三维 CAD/CAM 一体化软件产品，可为客户提供产品设计、模具设计、CAM 加工一体化解决方案，拥有独特的实体/曲面混合建模内核，支持 A 级曲面，支持 2~5 轴 CAM 加工。

该软件创建加工刀路的常规步骤如图 1-2 所示。在 CAD 模块中，设计或导入一个外部模型，将模型放置在一个适合的加工方向，进入 CAM 模块。添加坯料，分析和测量模型的关键特性，以帮助选择正确的策略。选择一个工序，定义 CAM 特征，选择刀具，然后设置合适的工序参数、计算刀路。若刀路可接受，则开始定义机床和控制参数，然后输出 NC 代码到文件。

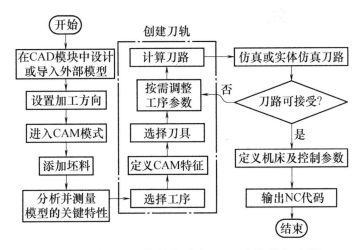

图 1-2　中望 3D 软件创建加工刀路的常规步骤

二、中望 3D 软件操作流程

1. 进入/退出加工模块

在 DA 工具栏中单击"加工方案" 按钮，或者在图形区域空白处右击，然后选择"加工方案"。选择一个模板，然后单击"确认"按钮，进入加工模块如图 1-3 所示。

图 1-3　进入加工模块

在 DA 工具栏单击"退出" 按钮，或者在图形区域空白处右击，然后选择"退出"，退回到 CAD 环境，如图 1-4 所示。

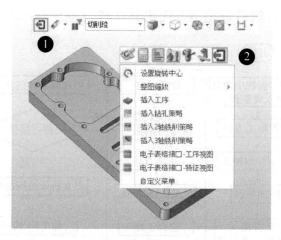

图 1-4 退回到 CAD 环境

2. 加工模块环境布局

中望 3D CAM 窗口的布局，如图 1-5 所示。

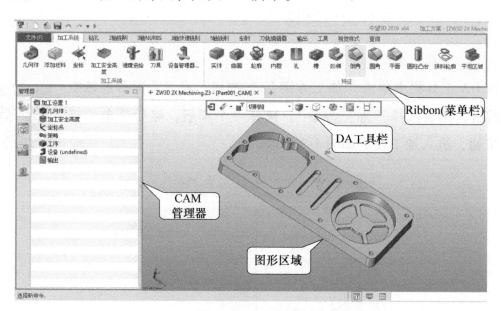

图 1-5 窗口布局

Ribbon（菜单栏）：所有创建刀路需要用到的功能都在菜单栏上。可以通过每个按钮的名字大致了解它的功能。

CAM 管理器：可以用来控制和查看整个加工流程。

DA 工具栏：包含许多常用的工具，如退出、属性过滤器、显示模式等。

图形区域：用来显示几何体及刀路。

3. CAM 管理器

当想为一个零件创建刀路时，CAM 管理器将会非常有用。一般按照 CAM 管理器中的步骤列表创建刀路，CAM 管理器如图 1-6 所示。

几何体：所有几何体和加工特征会在这里列出，包括零件、坯料和其他对象。可以对它们进行选择、添加或删除、显示或隐藏，及设置属性或者添加特征等操作。

加工安全高度：用于定义刀具加工安全距离。

坐标系：插入和管理局部坐标系，可以用作编程坐标系。

图 1-6　CAM 管理器

策略：右击此区域可以插入孔策略或者加工策略。

工序：可以在此区域管理所有的工序，包括设置参数、选择刀具、计算刀路及实体仿真等。

设备：Machine 1：定义后期配置。

输出：控制 NC 代码的输出。

4. 常用的铣削工序介绍

常用的铣削工序有六大类，分别是"钻孔""2 轴铣削""3 轴 NURBS""3 轴快速铣削""5 轴铣削""车削"，以菜单栏的形式在页面中显示，可单击查看。以"2 轴铣削"为例，它主要用于平面类轮廓的加工，主要的加工分为"二维内腔""二维轮廓""转角切除""二维面"，如图 1-7 所示。

图 1-7　2 轴铣削

螺旋切削工序：一种平面铣（区域清理）或型腔铣技术，在每一个不同深度推进刀具，远离或朝向零件边界，如图 1-8 所示。

Z 字型平行切削工序：一种平面铣（区域清理）或型腔铣技术，通过一系列直线平行切削方式，在每一深度推进刀具，且在每次切削尾端反向刀具方向，如图 1-9 所示。

单向平行切削工序：一种平面铣（区域清理）或型腔铣技术，除切削均在同一方向外，与 Z 字型平行切削相似，如图 1-10 所示。每切削一次，刀具提升一次。

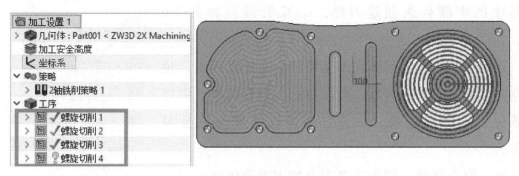

图 1-8　螺旋切削工序

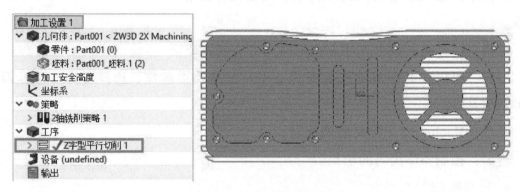

图 1-9　Z 字型平行切削工序

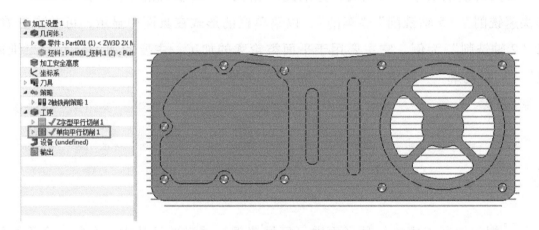

图 1-10　单向平行切削工序

等高外形切削工序：在等高外形切削工序中，对每一切削区域，计算中间曲线或脊线。刀具以平行或垂直于该曲线的方向运动。等高外形切削工序如图 1-11 所示。

轮廓切削工序：执行轮廓切削工序时，对任意数量的开放或闭合曲线边界（CAM 轮廓特征）或包含几何体轮廓的 CAM 组件进行切削。只要刀具位置参数设

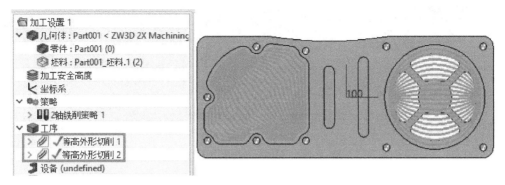

图 1-11　等高外形切削工序

置为在边界上,同样支持自相交轮廓,如图 1-12 所示。

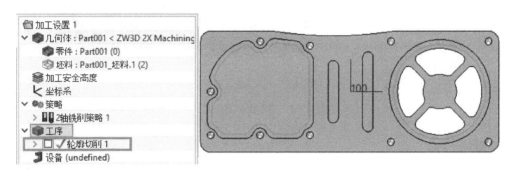

图 1-12　轮廓切削工序

　　🝆斜面切削工序:对于孔特征,斜面切削工序创建的刀轨与螺旋切削工序创建的刀轨相似,斜面切削工序如图 1-13 所示。

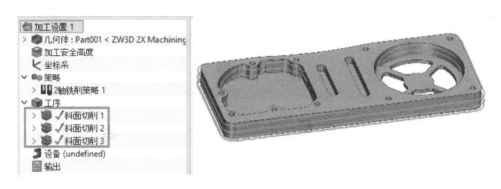

图 1-13　斜面切削工序

　　🝆倒角切削工序和🝆圆角切削工序:用于加工倒角和圆角,如图 1-14 所示。

　　🝆螺线切削工序:用于加工外螺纹和内螺纹。

　　🝆顶面切削工序:用于切削顶部的坯料或所有平面,如图 1-15 所示。

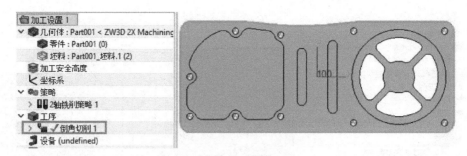

图 1-14　倒角/圆角切削工序

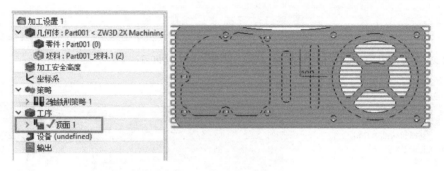

图 1-15　顶面切削工序

5. 创建特征

以创建轮廓特征为例，单击菜单栏"轮廓" 轮廓 按钮打开"轮廓"对话框，选择边或曲线来创建轮廓特征，设置属性然后单击"确认"按钮，之后特征会显示在管理器中，如图 1-16 所示。

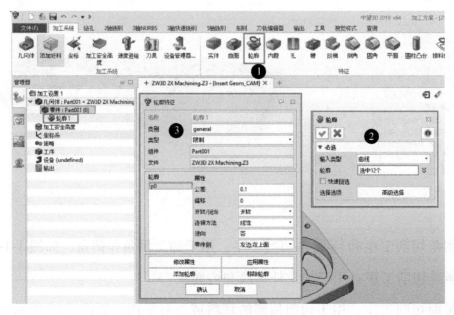

图 1-16　创建轮廓特征

一般有两种方法可以打开特征选择窗口。一种是在 CAM 管理器中右击零件，然后选择"添加特征"→"轮廓"，如图 1-17a 所示。另一种是右击或者双击 CAM 管理器中的"特征（undefined）"，如图 1-17b 所示。

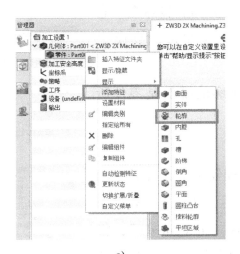

a)

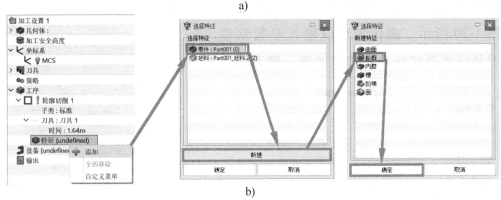

b)

图 1-17　两种打开特征选择窗口的方法

"轮廓特征"对话框的属性，如图 1-18 所示。

类别：除了 5 轴侧刃工序之外，其他工序的"类别"定义为"general"。

类型：定义特征类型。"零件"特征用于导出刀轨，而"限制"特征则用于包含或限制刀轨移动。

公差：指定公差用于确定一个轮廓是否为闭合的，也用于沿着轮廓对点取样。

偏移：表示 CAM 操作完成后，拟保留在

图 1-18　"轮廓特征"对话框的属性

零件上的材料在曲线法向上的数值。此偏移应用于所有引用该轮廓特征的工序。

开放/闭合：指定该 CAM 轮廓是否会形成一个开放或闭合的边界。

连接方法：指定一个 CAM 轮廓中的缺口的闭合方法。

逆向：反转轮廓特征的方向，实际上，它将零件所在侧从右边改变为左边，或反之亦然。

零件侧：指定 CAM 轮廓的哪侧是零件所在一侧。

6. 刀具管理器

操作者可以在刀具管理器中定义刀具或者刀具库。可以单击菜单栏"刀具"或者在 CAM 管理树中右击"刀具（undefined）"，打开刀具管理器，如图 1-19 所示。"刀具"对话框如图 1-20 所示。操作者可以输入参数创建一把刀具或者直接在刀具库中加载一把刀具。

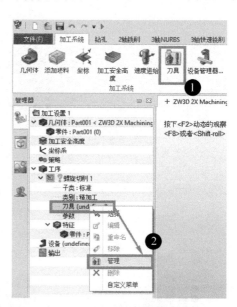

图 1-19 打开刀具管理器

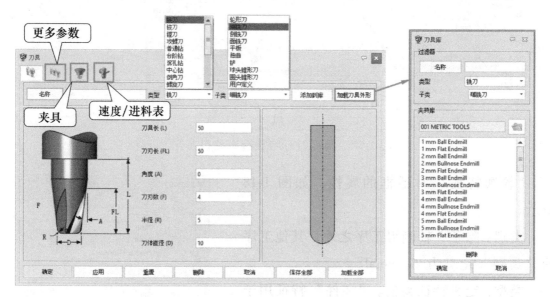

图 1-20 "刀具"对话框

7. 工序典型参数设置

设置适当的工序参数是非常重要的，否则计算将无法得到准确的结果。选择一个工序（如螺旋切削工序），然后双击"工序"，或者右击"工序"或者"参数"，打开工序参数设置对话框。"螺旋切削 1"对话框如图 1-21 所示。

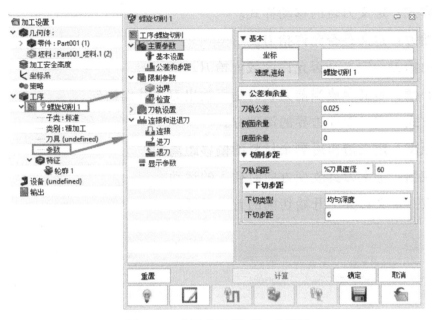

图 1-21　"螺旋切削 1" 对话框

主要参数设置要点如下。

坐标：定义用于刀轨计算的坐标系。

速度，进给：定义此工序的速度/进给值。

刀轨公差：定义刀轨的公差值。

侧面余量：定义加工后侧面剩余的材料厚度。

底面余量：定义加工后底面剩余的材料厚度。

刀轨间距：定义相邻刀轨之间的间距。

下切类型：定义刀具向下移动的方式。

下切步距：定义刀具下切的步距。

限制参数设置（见图 1-22）要点如下。

刀具位置：定义刀具是否能够越过边界。

类型：定义下方"顶部"和"底部"的输入值的类型。

顶部/底部：定义工序加工的顶部和底部。

检查零件所有面：定义工序是否考虑零件特征，无论它是否被添加到特征中。

刀轨设置参数设置（见图 1-23）要点如下。

切削方向：定义刀具移动的方向。

切削顺序：定义切削顺序。

刀轨样式：定义刀轨的移动样式。

允许抬刀：定义是否允许抬刀。

区域内抬刀：定义是否允许区域内抬刀。

刀具补偿：定义生成当前刀轨时是否输出刀轨补偿语句。

清边方式：定义零件边界的清理方式。

清边距离：定义清边后剩余材料的偏移距离。

转角控制：定义刀具改变方向时插入的运动。

入刀点：定义边界上开始切削的首选区域。

图 1-22　限制参数设置

图 1-23　刀轨设置参数设置

连接和进退刀参数设置（见图 1-24）要点如下。

进退刀模式：定义进退刀模式。

区域内：定义区域内的连接方式。

层之间：定义层与层之间的连接方式。

区域之间：定义多个不同区域之间的连接方式。

安全平面：定义安全平面的高度，以坐标为零点。

进刀方式：选择进刀的铣削方式为斜面、螺旋或直线，默认进刀方式为斜面。

插削高度：设定斜面进刀的插削高度距离。

倾斜角度：设定斜面进刀的倾斜角度。

安全距离：定义进刀和退刀时，刀具和实际零件表面最安全的线性距离。

进刀圆弧半径：定义进刀圆弧半径。

进刀重叠：定义进刀与加工轨迹之间的重叠距离。

重叠距离：定义为了获得一个平滑零件表面而重叠切削的距离。

8. 刀轨仿真

中望 3D 提供两种刀轨仿真的方式：一种是仿真，用于检查刀具如何沿刀轨移动；另外一种是实体仿真的模拟过程，用来模拟坯料变成零件的过程。

方式一：仿真。单击参数设置页面下方的"刀轨仿真"  按钮，或者右击工序名称，然后选择"仿真"去启动仿真功能，如图 1-25 所示。在弹出的"刀轨仿真"

图 1-24 连接和进退刀参数设置

对话框中，可以看到进给速度、主轴转速和刀具的位置。另外，可以让刀具前进或者后退，还可以通过单击"移动刀具到所选点" 按钮把刀具移动到想要的点，如图 1-26 所示。

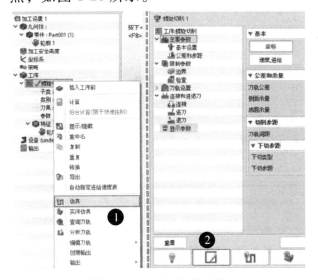

图 1-25 启动仿真功能

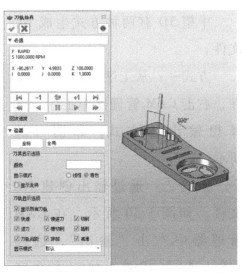

图 1-26 "刀轨仿真"对话框

方式二：实体仿真。可以单击参数设置窗口下方的"实体仿真" 按钮，或者右击工序名称，然后选择"实体仿真"进入"实体仿真进程"对话框界面，如图 1-27、图 1-28 所示。

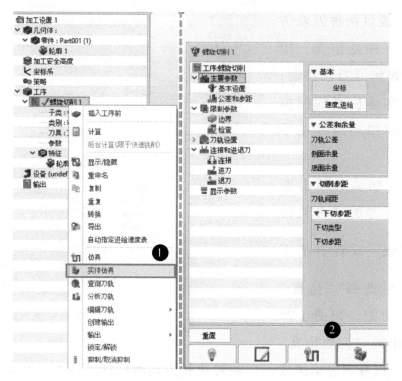

图 1-27 启动实体仿真功能

9. 生成 NC 文件

中望 3D 有两种方式生成 NC 文件。

方式一：从工序中创建 NC 文件，右击 CAM 管理器中工序，选择想输出的方式，如图 1-29 所示。

方式二：通过输出创建 NC 文件，如图 1-30 所示。在 CAM 管理器中右击"输出"，选择"插入 NC"或者直接双击文字

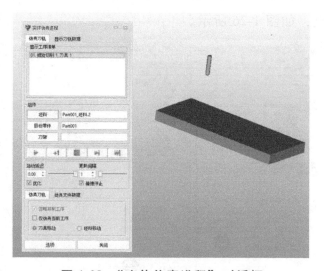

图 1-28 "实体仿真进程"对话框

输出。右击新创建的输出文件"NC"，然后选择"添加工序"。右击新创建的输出文件"NC"，然后选择"输出 CL"或者"输出 NC"去生成 CL/NC 文件。也可以选择设置或者双击 NC 来自定义输出设置，"输出设置"对话框如图 1-31 所示。

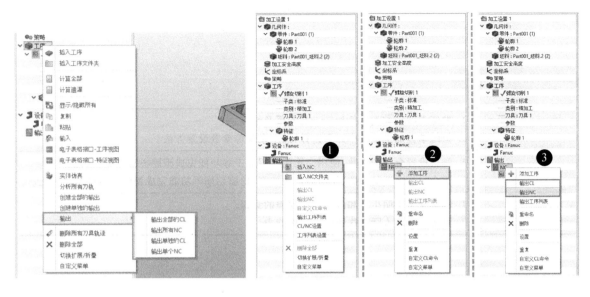

图 1-29 从工序中创建 NC 文件　　　　图 1-30 通过输出创建 NC 文件

选择设备：在列表中选择一个之前定义好的设备。

零件 ID：定义零件 ID。

程序名：定义程序名称。

刀轨坐标空间：定义用于生成 NC 文件的坐标系。

关联坐标：定义用于创建 NC 文件的局部坐标系。

刀具切换：定义是否允许切换刀具。

速度/进给：定义主轴速度和进给速度是否输出到输出文件中。

刀位号：定义用于输出文件的刀位号。

冷却：使用此选项可在输出时替换在刀具设置页面设置的冷却方式。

注释：在输出程序的开头定义一个注释。

输出文件：定义输出的路径。

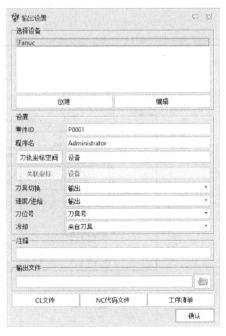

图 1-31 "输出设置"对话框

任务二　型腔成型零件加工

【任务目标】

知识目标	1. 熟练掌握型腔类零件加工工艺安排及编程。 2. 熟练掌握加工工艺中刀具选择、加工余量等参数设置方法。
技能目标	1. 学会设置合适的参数，使用二维偏移粗加工等功能完成型腔类零件的粗加工。 2. 学会设置合适的参数，使用等高线切削、轮廓切削等功能完成型腔类零件的精加工。
素养目标	1. 养成安全文明生产和遵守操作规程的意识。 2. 具备良好的人际交往和团队协作能力。

【任务要求】

　　如图 1-32 所示的型腔，材料为 45 钢，请根据图样要求，合理制定加工工艺，安全操作机床，保证零件达到规定的精度和表面质量要求。

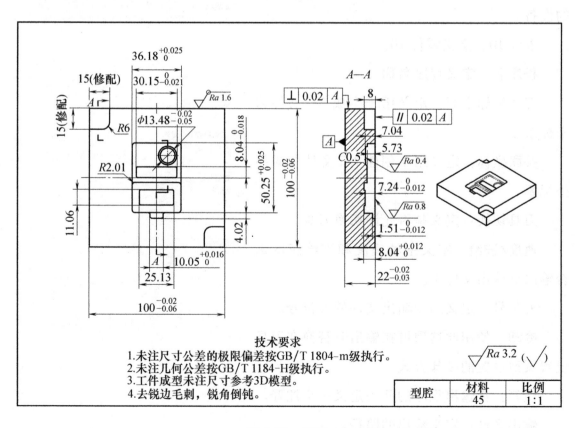

图 1-32　型腔

【任务准备】

完成本任务需要准备的实训物品的清单见表 1-1。

表 1-1　实训物品的清单

序号	实训资源	种类	数量	备注
1	机床	AVL850 型数控铣床	6 台	或者其他数控铣床
2	参考资料	《数控铣床编程手册》《数控铣床操作手册》《数控铣床连接调试手册》	3 本	
3	刀具	D12R1	6 把	
		D12R0	6 把	
		D4R1	6 把	
		D4R0	6 把	
		D4R2	6 把	
		D2R1	6 把	
		D2R0	6 把	
4	量具	测量范围为 0~150mm 的游标卡尺	6 把	
		分中棒	6 个	
5	辅具	平口钳	6 把	
		铜棒	6 根	
		垫铁	6 盒	
6	材料	45 钢	6 块	
7	工具车	铣削工具车	6 辆	

【相关知识】

一、安全文明生产

1. 操作规范

数控机床是一种自动化程度较高、结构较复杂的先进加工设备，为了充分发挥其优越性，提高生产率，管好、用好、修好数控机床，技术人员的素质及文明生产显得尤为重要。操作人员除了要掌握数控机床的性能，做到熟练操作，还必须养成文明生产的工作习惯和严谨的工作作风，同时，应具有良好的职业素质、责任心和合作精神。因此，操作时应做到以下几点：

1）严格遵守数控机床的安全操作规程。未经专业培训不得擅自操作数控机床。

2）严格遵守上下班、交接班制度。

3）做到用好、管好机床，具有较强的工作责任心。

4）保持数控机床工作环境的整洁。

5）操作人员应穿好工作服、工作鞋，不得穿、戴会影响操作的服装和饰品。

2. 操作规程

为了正确合理地使用数控机床，减少故障的发生率，开机前应注意如下事项：

1）操作人员必须熟悉该数控机床的性能、操作方法。经机床管理人员同意方可操作机床。

2）机床通电前，先检查电压、气压、油压是否符合工作要求。

3）检查机床可动部分是否处于正常工作状态。

4）检查工作台是否有越位、超极限状态。

5）检查电气元件是否牢固，是否有接线脱落。

6）检查机床接地线是否和车间地线可靠连接（初次开机时特别重要）。

7）完成开机前的准备工作后方可合上电源总开关。

另一方面，在开机过程中应注意以下事项：

1）严格按机床说明书中的开机顺序进行操作。

2）一般情况下，在开机过程中必须先进行回机床参考点操作，建立机床坐标系。

3）开机后让机床空运转 15min 以上，使机床达到平衡状态。

4）关机以后必须等待 5min 以上才可以再次开机，没有特殊情况不得随意、频繁地进行开机或关机操作。

3. 数控机床的日常维护和保养

数控机床是机电一体化的技术密集型设备，要使机床长期可靠地运行，很大程度上取决于对其的正确使用与日常维护。正确的使用可避免突发故障，延长无故障时间。精心维护可使其处于良好的技术状态，延缓劣化。因此，要严格地执行数控机床操作维护规程，必须重视数控机床的维护工作，提高数控机床的操作人员的素质。

数控机床操作维护规程是指导操作、正确使用和维护设备的技术性规范，每个操作人员必须严格遵守，以保证数控机床正常运行，减少故障，防止事故发生。

数控机床操作维护规程的基本内容有以下几点：

1）班前清理工作场地，按日常检查卡的规定项目检查各操作手柄、控制装置是否处于停机位置，安全防护装置是否完整、牢靠，查看电源是否正常，并做好点检记录。

2）查看润滑、液压装置的油质、油量，按润滑图表规定加油，保持油液清洁、油路畅通、润滑良好。

3）确认各部位正常无误后，才可空车起动设备。先空车低速运转 3~5min，查看各部位，确保其运转正常，润滑良好，才可进行工作，不得超负荷、超规范使用。

4）工件必须装卡牢固，禁止在机床上敲击夹紧工件。

5）合理调整各部位行程机械挡块，保证定位正确、紧固。

6）操纵变速装置必须切实转换到固定位置，使其啮合正常。要停机变速时，不得用反转制动变速。

7）数控机床运转中要经常注意各部位定位情况，如有异常，应立即停机处理。

8）测量工件、更换工装、拆卸工件都必须在停机状态下进行，离开机床时必须切断电源。

9）要注意保养数控机床的基准面、导轨、滑动面，保持其清洁，防止损伤。

10）保持润滑及液压系统清洁。盖好箱盖，不允许有水、尘、铁屑等污物进入油箱及电器装置。

11）工作完毕后和下班前，应清扫机床设备，保持清洁，操作手柄、按钮等置于非工作位置，切断电源，办好交接手续。

在制定各类数控机床操作维护规程时，除上述基本操作外，还应针对各机床本身特点、操作方法、安全注意事项等列出具体要求，便于操作人员遵照执行。

数控机床和普通机床一样，其使用寿命的长短和效率的高低，不仅取决于机床的精度和性能，很大程度上也取决于它的正确使用与维护。对数控机床进行日常维护和保养，可延长电器元件的使用寿命、防止机械部件的非正常磨损、避免发生意外的恶性事故，使机床始终保持良好的状态，尽可能地保持长时间的稳定工作。

要做好数控机床日常维护与保养工作，要求数控机床的操作人员必须经过专门培训，详细阅读数控机床的说明书，对机床有一个全面的了解，包括机床结构、特点和数控系统的工作原理等。不同类型的数控机床日常维护的具体内容和要求不完全相同，但各维护期内的基本原则不变，对此可对数控机床进行定点、定时的检查与维护。

数控机床的维护内容包括数控机床的正确使用、数控机床各机械部件的维护、数控系统的维护、伺服系统及日常位置检测装置的维护等。其中，使用数控机床时应注意以下几点：

1）数控机床的使用环境。位置应远离振源，避免潮湿的电磁干扰，避免阳光直射和热辐射的影响。环境温度应低于30℃，相对湿度不超过80%，将其置于有空调的环境。

2）电源要求。电源电压波动必须在允许范围内（一般允许波动±10%），并且保持相对稳定，以免破坏数控系统的程序或参数。数控机床采用的是专线供电或增设稳压装置，可以减弱供电质量的影响。

3）遵守数控机床操作维护规程。

4）数控机床不宜长期封存。数控机床长期封存不用会使数控系统的电子元件由于受潮等原因而变质或损坏，即使无生产任务，数控机床也需要定时开机，利用机床本身散热来降低机床内部湿度，同时也能及时发现有无电池报警发生，以防止系统软件参数丢失。

5）注意培训和配备操作人员、维修人员以及编程人员。数控机床是高技术设备，只有相关人员素质较高，才能尽可能地避免操作不当对数控机床造成的损坏。

数控机床的维护和保养的主要检查部位。数控机床的维护和保养的主要检查部位有切削液箱、润滑油箱、各移动导轨副、压缩空气泵、气源自动分水器、自动空气干燥器、液压系统、防护装置、刀具系统、换刀系统、操作面板显示屏及操作面板、强电柜与数控柜、主轴箱、电气系统与数控系统、电动机、滚珠丝杠。

另外，还需定期的检查排屑器，经常清理切屑，检查有无卡住等；定期清理废油池，以免外溢；定期调整主轴驱动器的松紧程度，按机床说明书调整。

二、数控铣削加工工艺的制定

1. 零件数控铣削加工工艺分析

对于某些零件而言，并非全部加工工艺过程都适合在数控铣床上完成，往往只是其中的一部分适合，为此需要对零件图样进行仔细的工艺分析，选择最适合、最需要进行数控铣削加工的内容和工序，具体可以参考表1-2的内容开展对零件数控铣削加工的工艺分析。

表 1-2 零件数控铣削加工的工艺分析

分析内容	解释
零件尺寸的正确标注	由于加工程序是以准确的坐标点来编制的,因此,各图形几何要素间的相互关系(如相切、相交、垂直和平行等)应明确,各种几何要素的条件要充分,应无引起矛盾的多余尺寸或影响工序安排的封闭尺寸等
保证获得要求的加工精度	虽然数控机床精度很高,但对一些特殊情况,如过薄的底板与肋板,加工时产生的切削力及薄板的弹性退让,极易产生切削面的振动,进而使薄板厚度尺寸公差难以保证,其表面粗糙度值也将增大
零件内腔外形尺寸及局部结构的统一	内槽圆角的大小决定着刀具直径的大小,因而内槽圆角半径不应过小。零件工艺性的好坏与待加工轮廓的高低、转接圆弧半径的大小等有关。如果零件的待加工轮廓高度低,转接圆弧半径也大,则可以采用较大直径的铣刀来加工。加工其底板面时,走刀次数相应减少,表面加工质量会好一些,工艺性也较好;反之,数控铣削工艺性较差
	一个零件上内圆弧半径在数值上的一致性问题对数控铣削的工艺性相当重要。一般来说,即使不能寻求完全一致,也要力求将数值相近的圆弧半径分组靠拢,达到局部统一,以尽量减少铣刀规格与换刀次数,避免因频繁换刀,增加零件加工面上的接刀阶差而降低表面质量
保证基准统一	有些零件需要在铣完一面后先重新安装再铣削另一面,由于数控铣削不能使用通用铣床加工时常用的试切方法来接刀,往往会因为零件的重新安装而接不好刀。这时,最好采用统一的基准定位,因此零件上应有合适的孔作为定位基准孔。如果零件上没有基准孔,也可以专门设置工艺孔作为定位基准
零件加工变形情况分析	数控铣削零件在加工时产生的变形,不仅会影响加工质量,而且当变形较大时,还将使加工不能继续进行。这时就应当考虑采取一些必要的工艺措施进行预防,如对钢件进行调质处理,对铸铝件进行退火处理,对不能用热处理方法解决的,也可考虑粗、精加工及对称去余量等常规方法。此外,还要分析加工后的变形问题及采取何种工艺措施来解决
毛坯余量和加工质量	毛坯余量不足主要针对锻件、铸件,锻件因模锻时的久压量与允许的错模量会造成余量不足,铸件会因砂型误差、收缩量及金属液的流动性差而不能充满型腔等造成余量不足。另外,锻造、铸造后,毛坯的翘曲与扭曲变形量的不同也会造成加工余量不足、不稳定。因此,除板料外,不管是锻件、铸件还是型材,只要准备采用数控铣削加工,其加工面均应有较充足的余量
毛坯的装夹适应性	考虑毛坯在加工时定位和夹紧的可靠性与方便性,以便充分发挥数控铣削在一次安装中加工较多待加工面。对于不便装夹的毛坯,可考虑在毛坯上另外增加装夹余量或工艺凸台来定位与夹紧,也可以制出工艺孔或另外准备工艺凸耳来特制工艺孔作定位基准(见下图) 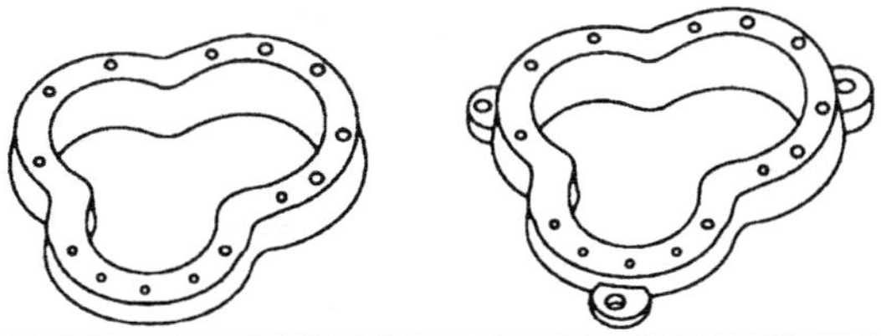
毛坯余量的大小	主要是考虑在加工时是否需要分层切削,分几层切削。也要分析加工中与加工后的变形程度,考虑是否应采取预防性措施与补救措施

2. 数控铣床的选择

在分析确定了零件适合采用数控铣削工艺进行生产的基础上，可以进一步依据零件的结构和工艺特点选用合适的数控铣床开展对零件的加工。实际中，可以主要从如下几个方面来考虑对数控铣床的选用。

（1）根据待加工零件的尺寸　对于规格较小的升降台式数控铣床，其工作台宽度多在400mm以下，最适合于中小零件的加工和复杂形面的轮廓铣削任务。对于大尺寸复杂零件的加工，则可以考虑用规格较大的龙门式铣床。

（2）根据加工零件的精度要求　我国已制定了数控铣床的精度标准，标准规定其直线运动坐标的定位精度为0.04mm/300mm，重复定位精度为0.025mm，铣圆精度为0.035mm。因此，对于精度要求不是十分严格的零件，选用一般的数控铣床即可满足加工需要。对于精度要求比较高的零件，则应考虑选用精密型的数控铣床。

3. 切入、切出点的选择

在铣削零件外轮廓主要利用立铣刀侧面入口进行切削，为了减少接刀痕迹，保证零件表面质量，延长刀具寿命，需精心设计切入和切出路线。在设计切入、切出路线时，应避免沿零件外轮廓的法向方向切入、切出，而应尽量沿零件轮廓的切线方向或延长线上切入、切出。

【任务实施】

本任务的实施流程见表1-3。

表1-3　任务的实施流程

序号	任务流程	学时分配
1	相关知识学习	2学时
2	图样分析	
3	制定加工工艺	
4	程序编制	4学时
5	加工零件	6学时
6	检测零件	2学时
7	任务评价与鉴定	
8	任务拓展训练	

一、图样分析

1. 形状分析

该零件为型腔零件，是塑件外观的成型表面，加工时应注意表面刀路的流畅合理，便于后期进行表面抛光等操作。

2. 尺寸分析

型腔零件的长、宽、深度决定了塑件的外观尺寸，加工时应注意及时对其进行测量检验。塑件的孔位，在型腔上表现为凸台或型面，加工时应注意对其进行深度方向的测量检验。

3. 其他分析

该零件分型面表面粗糙度值要求为 $Ra0.8\mu m$，成型面表面粗糙度值要求为 $Ra0.4\mu m$，其余表面粗糙度值要求为 $Ra3.2\mu m$，未注尺寸公差按标准公差等级 IT12 执行，零件加工完成后需去除加工过程中产生的毛刺和飞边。

二、制定加工工艺

1. 选择刀具及切削用量

通过对零件的加工工艺分析，选择加工刀具，并编制刀具卡片，见表 1-4。

表 1-4   刀具卡片（参考）

工步	刀具号	直径/mm	圆角半径/mm	切削用量			刀具类型
				主轴转速/(r/min)	进给量/(mm/r)	背吃刀量/mm	
1	T01	12	1	3600	1500	0.5	牛鼻铣刀
2	T02	4	1	5400	500	0.5	牛鼻铣刀
3	T03	4	0	6000	500	0.3	立铣刀
4	T04	4	2	5400	500	0.2	球头铣刀
5	T03	4	0	6000	400	0.1	立铣刀
6	T05	2	1	7000	400	0.05	球头铣刀
7	T03	4	0	6000	400	0.05	立铣刀
8	T06	2	0	6300	400	0.2	立铣刀
9	T06	2	0	5000	500	0.1	立铣刀
10	T03	4	0	5400	500	0.3	立铣刀
11	T05	2	1	7000	500	0.2	球头铣刀
12	T07	12	0	5000	400	0.3	立铣刀

2. 填写工艺卡片

根据加工工艺和选用刀具的情况，填写工艺卡片，见表1-5。

表1-5 工艺卡片（可学员填写）

工序	装夹次数	产品名称		零件名称		材料	
		遥控器面盖		型腔		45钢	
工序	装夹次数	工作场地		使用设备		夹具名称	
1	一次装夹	实训车间		数控铣床		平口钳	
工步	工步内容	切削用量			刀具		
		主轴转速/(r/min)	进给量/(mm/min)	背吃刀量/mm	编号	类型	
1	二维偏移粗加工开粗	3600	1500	0.5	T01	牛鼻铣刀	
2	二维偏移半精加工矩形底部	5400	500	0.5	T02	牛鼻铣刀	
3	平坦面精加工型腔	6000	500	0.3	T03	立铣刀	
4	等高线切削半精加工侧壁1	5400	500	0.2	T04	球头铣刀	
5	等高线切削精加工侧壁2	6000	400	0.1	T03	立铣刀	
6	三维偏移精加工凸台侧壁1	7000	400	0.05	T05	球头铣刀	
7	等高线切削精加工侧壁凸台2	6000	400	0.05	T03	立铣刀	
8	轮廓切削加工挂钩	6300	400	0.2	T06	立铣刀	
9	等高线切削精定位加工	5000	500	0.1	T06	立铣刀	
10	等高线切削圆凹台粗加工	5400	500	0.3	T03	立铣刀	
11	二维偏移圆凹台半精加工	7000	500	0.2	T05	球头铣刀	
12	轮廓切削圆凹台精加工	5000	400	0.3	T07	立铣刀	
编制		审核		批准		日期	

三、程序编制

零件各项加工内容的程序编制见表1-6。

表1-6 程序编制

序号	加工内容	图示	程序编制
1	二维偏移粗加工开粗		1)选择3轴快速铣削粗加工中的"二维偏移粗加工" 2)设置"主要参数"中的"公差和余量","刀轨公差"为0.02,"曲面余量"为0.2,"Z方向余量"为0.2 3)设置"下切步距"中的"下切步距""绝对值"为0.5,"切削数"为0 4)选择"刀轨设置",设置底面和各台阶面为"同步加工层" 5)单击"计算",生成刀具加工轨迹

（续）

序号	加工内容	图示	程序编制
2	二维偏移半精加工矩形底部	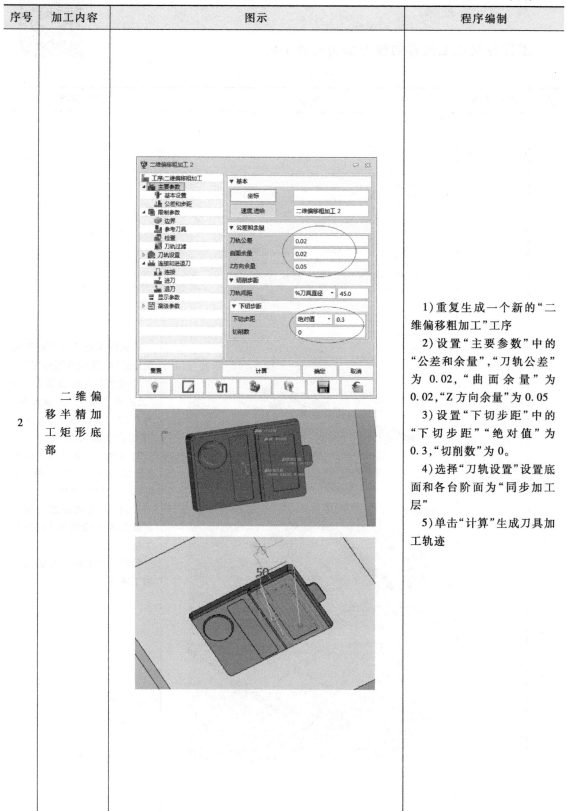	1）重复生成一个新的"二维偏移粗加工"工序 2）设置"主要参数"中的"公差和余量"，"刀轨公差"为 0.02，"曲面余量"为 0.02，"Z 方向余量"为 0.05 3）设置"下切步距"中的"下切步距""绝对值"为 0.3，"切削数"为 0。 4）选择"刀轨设置"设置底面和各台阶面为"同步加工层" 5）单击"计算"生成刀具加工轨迹

（续）

序号	加工内容	图示	程序编制
3	平坦面精加工型腔	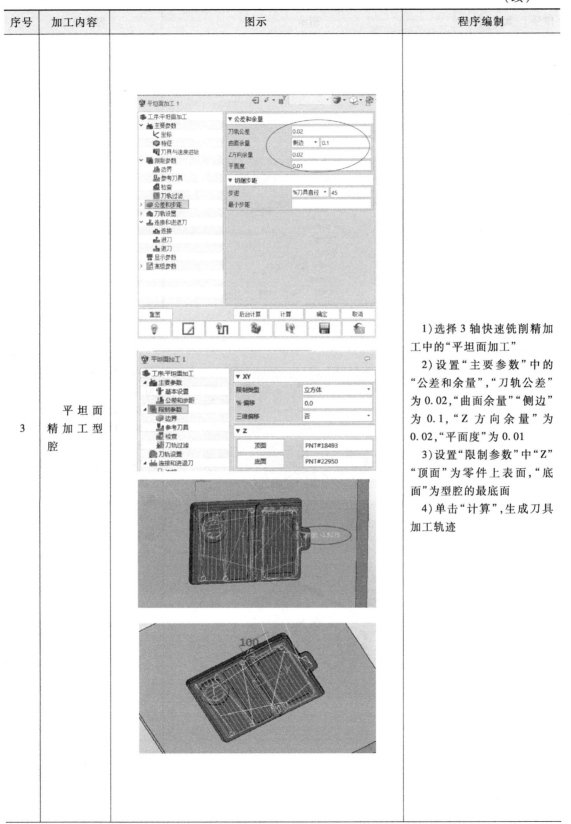	1）选择 3 轴快速铣削精加工中的"平坦面加工" 2）设置"主要参数"中的"公差和余量"，"刀轨公差"为 0.02，"曲面余量""侧边"为 0.1，"Z 方向余量"为 0.02，"平面度"为 0.01 3）设置"限制参数"中"Z""顶面"为零件上表面，"底面"为型腔的最底面 4）单击"计算"，生成刀具加工轨迹

（续）

序号	加工内容	图示	程序编制
4	等 高 线 切 削 半 精 加工侧壁1	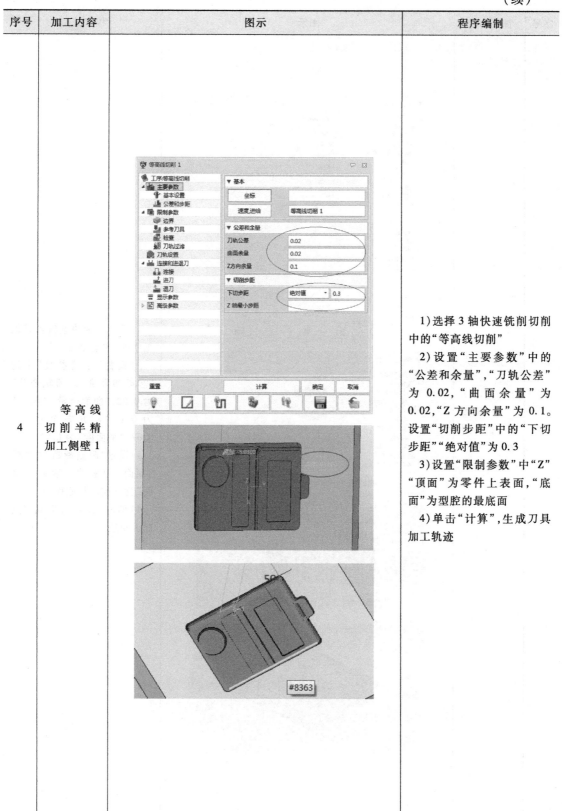	1）选择3轴快速铣削切削中的"等高线切削" 2）设置"主要参数"中的"公差和余量"，"刀轨公差"为0.02，"曲面余量"为0.02，"Z方向余量"为0.1。设置"切削步距"中的"下切步距""绝对值"为0.3 3）设置"限制参数"中"Z""顶面"为零件上表面，"底面"为型腔的最底面 4）单击"计算"，生成刀具加工轨迹

（续）

序号	加工内容	图示	程序编制
5	等高线切削精加工侧壁2	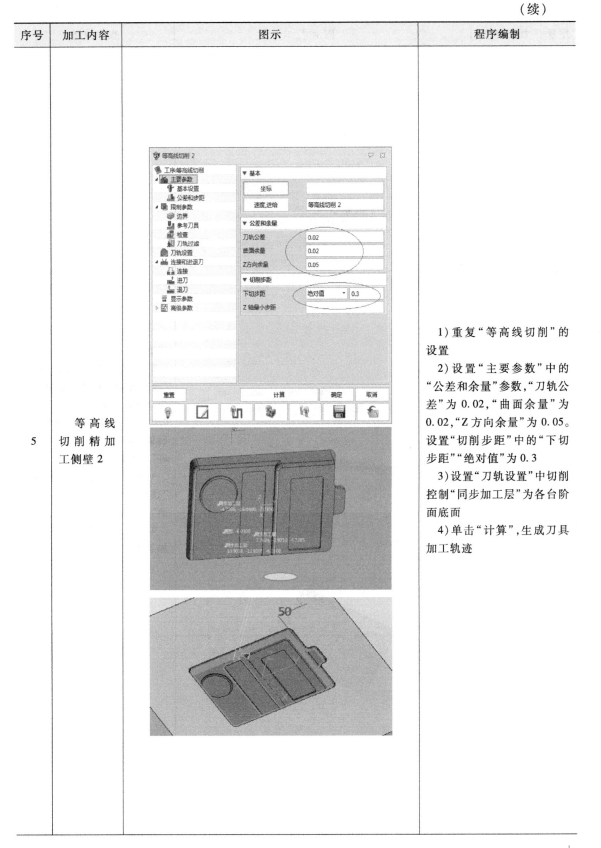	1）重复"等高线切削"的设置 2）设置"主要参数"中的"公差和余量"参数，"刀轨公差"为0.02，"曲面余量"为0.02，"Z方向余量"为0.05。设置"切削步距"中的"下切步距""绝对值"为0.3 3）设置"刀轨设置"中切削控制"同步加工层"为各台阶面底面 4）单击"计算"，生成刀具加工轨迹

（续）

序号	加工内容	图示	程序编制
6	三维偏移精加工凸台侧壁1	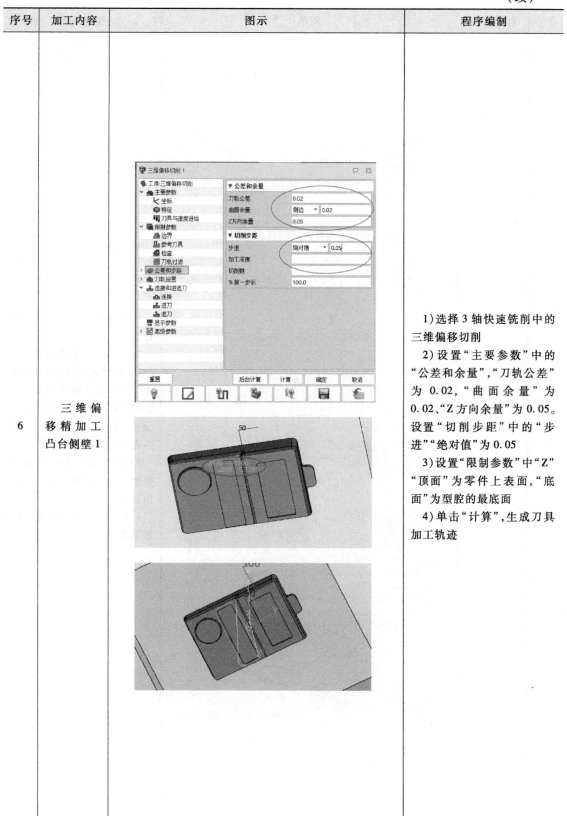	1）选择3轴快速铣削中的三维偏移切削 2）设置"主要参数"中的"公差和余量"，"刀轨公差"为0.02，"曲面余量"为0.02，"Z方向余量"为0.05。设置"切削步距"中的"步进""绝对值"为0.05 3）设置"限制参数"中"Z""顶面"为零件上表面，"底面"为型腔的最底面 4）单击"计算"，生成刀具加工轨迹

（续）

序号	加工内容	图示	程序编制
7	等高线切削精加工侧壁凸台2	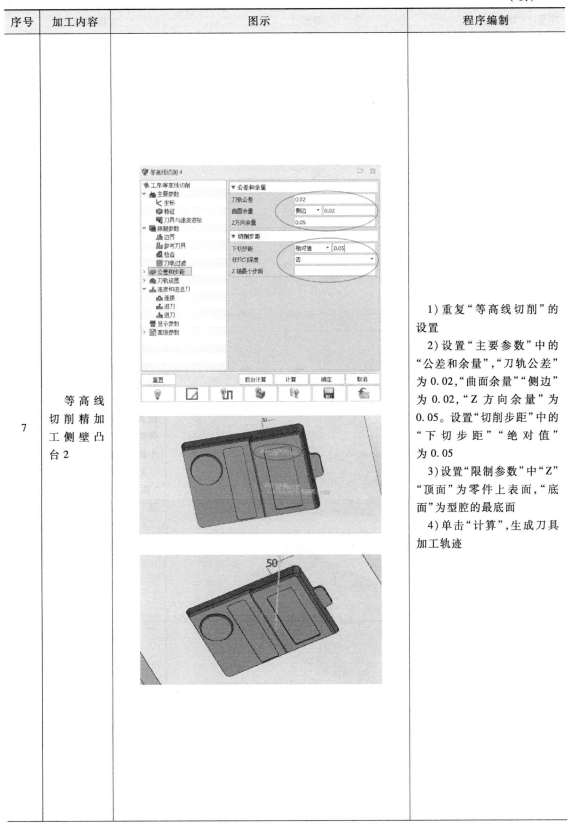	1）重复"等高线切削"的设置 2）设置"主要参数"中的"公差和余量"，"刀轨公差"为0.02，"曲面余量""侧边"为0.02，"Z方向余量"为0.05。设置"切削步距"中的"下切步距""绝对值"为0.05 3）设置"限制参数"中"Z""顶面"为零件上表面，"底面"为型腔的最底面 4）单击"计算"，生成刀具加工轨迹

（续）

序号	加工内容	图示	程序编制
8	轮廓切削加工挂钩	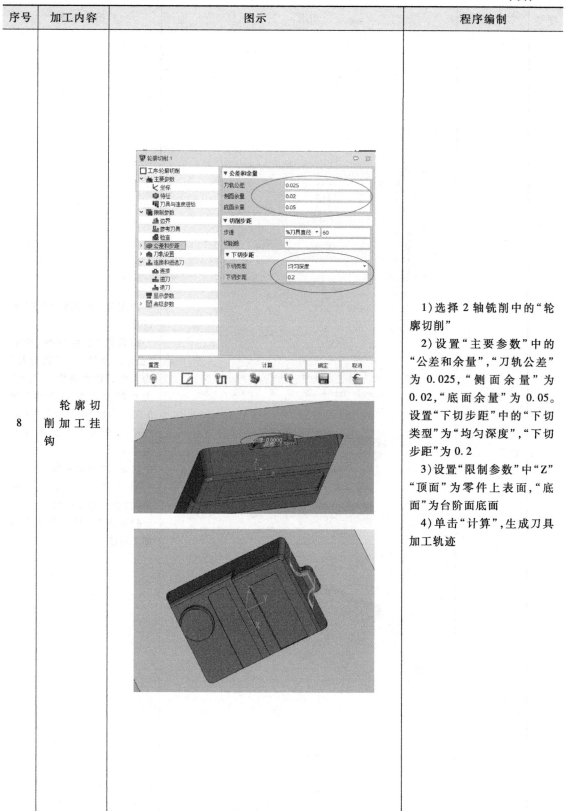	1）选择2轴铣削中的"轮廓切削" 2）设置"主要参数"中的"公差和余量"，"刀轨公差"为0.025，"侧面余量"为0.02，"底面余量"为0.05。设置"下切步距"中的"下切类型"为"均匀深度"，"下切步距"为0.2 3）设置"限制参数"中"Z""顶面"为零件上表面，"底面"为台阶面底面 4）单击"计算"，生成刀具加工轨迹

（续）

序号	加工内容	图示	程序编制
9	等高线切削精定位加工	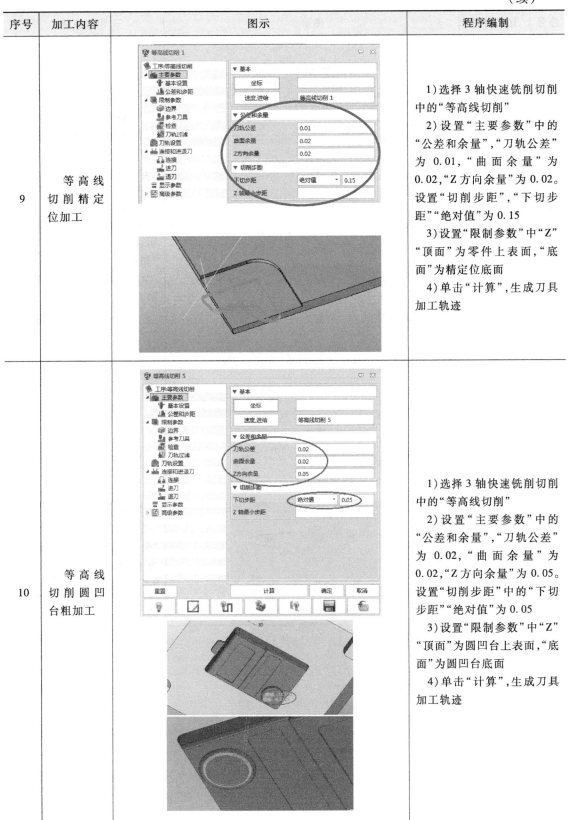	1）选择 3 轴快速铣削切削中的"等高线切削" 2）设置"主要参数"中的"公差和余量"，"刀轨公差"为 0.01，"曲面余量"为 0.02，"Z 方向余量"为 0.02。设置"切削步距"，"下切步距""绝对值"为 0.15 3）设置"限制参数"中"Z""顶面"为零件上表面，"底面"为精定位底面 4）单击"计算"，生成刀具加工轨迹
10	等高线切削圆凹台粗加工		1）选择 3 轴快速铣削切削中的"等高线切削" 2）设置"主要参数"中的"公差和余量"，"刀轨公差"为 0.02，"曲面余量"为 0.02，"Z 方向余量"为 0.05。设置"切削步距"中的"下切步距""绝对值"为 0.05 3）设置"限制参数"中"Z""顶面"为圆凹台上表面，"底面"为圆凹台底面 4）单击"计算"，生成刀具加工轨迹

（续）

序号	加工内容	图示	程序编制
11	二维偏移圆凹台半精加工	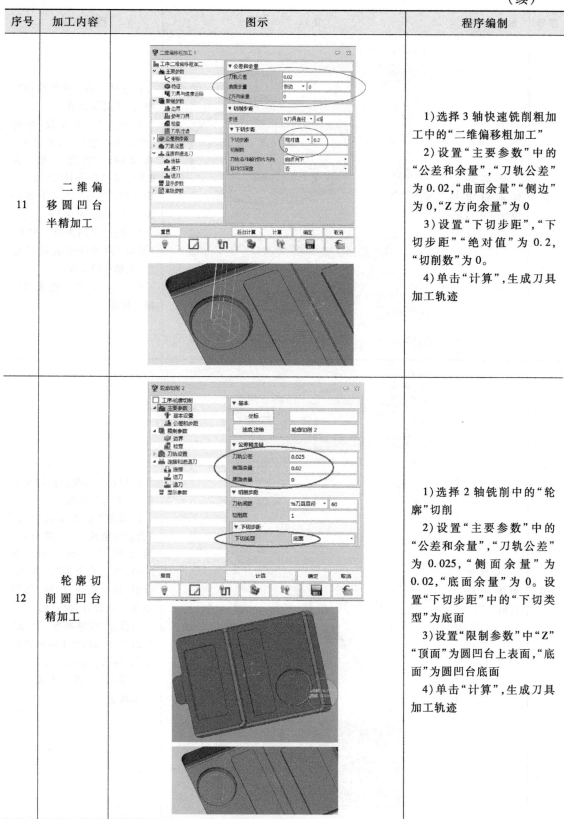	1）选择 3 轴快速铣削粗加工中的"二维偏移粗加工" 2）设置"主要参数"中的"公差和余量"，"刀轨公差"为 0.02，"曲面余量""侧边"为 0，"Z 方向余量"为 0 3）设置"下切步距"，"下切步距""绝对值"为 0.2，"切削数"为 0。 4）单击"计算"，生成刀具加工轨迹
12	轮廓切削圆凹台精加工		1）选择 2 轴铣削中的"轮廓"切削 2）设置"主要参数"中的"公差和余量"，"刀轨公差"为 0.025，"侧面余量"为 0.02，"底面余量"为 0。设置"下切步距"中的"下切类型"为底面 3）设置"限制参数"中"Z""顶面"为圆凹台上表面，"底面"为圆凹台底面 4）单击"计算"，生成刀具加工轨迹

四、加工零件

加工零件时，各工步的加工内容见表 1-7。

表 1-7　各工步的加工内容

序号	工步	加工内容	加工图示
1	装夹工件	将坯料放在平口钳上，Z 轴留 12mm 余量，敲紧垫铁	
2	建立工件坐标系	分中棒主轴正转 300r/min。先碰触工件左端面，机床录入 X1 位置，再碰触工件右端面，录入 X2 位置，完成 X 方向工件坐标系建立。重复以上操作依次碰触工件后端面和前端面，完成 Y 方向工件坐标系建立 Z 轴移动到工件上表面用对刀棒对刀，确定工件上表面为工件坐标系的 Z 轴零位	
3	二维偏移粗加工开粗	用二维偏移粗加工型腔，留 0.2mm 的余量	
4	二维偏移半精加工矩形底部	用二维偏移半精加工型腔，留 0.05mm 余量	

（续）

序号	工步	加工内容	加工图示
5	平坦面精加工型腔	用平坦面加工型腔，留 0.02mm 余量	
6	等高线切削半精加工侧壁 1	用等高线切削半精加工型腔侧壁，留 0.1mm 余量	
7	等高线切削精加工侧壁 2	用轮廓切削精加工型腔侧壁，留 0.02mm 余量	
8	三维偏移精加工凸台侧壁 1	用等高线切削精加工凸台侧壁 1，留 0.02mm 余量	
9	等高线切削精加工侧壁凸台 2	用轮廓切削精加工凸台侧壁 2，留 0.02mm 余量	
10	轮廓切削加工挂钩	用轮廓切削加工挂钩，留 0.02mm 余量	

（续）

序号	工步	加工内容	加工图示
11	等高线切削精定位加工	用等高线切削精定位加工，留0.02mm余量	
12	等高线切削圆凹台粗加工	用轮廓切削粗加工圆凹台	
13	二维偏移圆凹台半精加工	用轮廓切削半精加工圆凹台	
14	轮廓切削圆凹台精加工	用二维偏移精加工圆凹台	
15	维护保养	卸下工件,清扫、维护机床,将刀具、量具擦净	

五、检测零件

小组成员分工检测零件，并将检测结果填入零件检测表，见表1-8。

表1-8 零件检测表

序号	检测项目	检测内容	配分	检测要求	学生自评	老师测评
1		$10.05^{+0.016}_{0}$	5	超差不得分		
2	宽度	$30.15^{0}_{-0.021}$	5	超差不得分		
3		$36.18^{+0.025}_{0}$	5	超差不得分		
4	长度	$8.04^{0}_{-0.018}$	5	超差不得分		
5		$50.25^{+0.025}_{0}$	5	超差不得分		
6		$1.51^{0}_{-0.012}$	5	超差不得分		
7	高度	$7.24^{0}_{-0.012}$	5	超差不得分		
8		$8.04^{+0.012}_{0}$	5	超差不得分		
9		8	5	超差不得分		
10	直径	$\phi13.48^{-0.02}_{-0.05}$	5	超差不得分		
11	倒角	$C0.5$	5	超差不得分		
12	几何公差	⊥ 0.02 A	2.5	超差不得分		
13		∥ 0.02 A	2.5	超差不得分		
14	表面质量	$Ra1.6\mu m$	5	超差不得分		
15		$Ra3.2\mu m$	5	超差不得分		
16		去除毛刺、飞边	5	未处理不得分		
17	时间	工件按时完成	10	未按时完成不得分		
18	现场操作规范	安全操作	5	按违反操作规程程度扣分		
19		工具和量具使用	5	工具和量具使用错误，每项扣2分		
20		设备维护保养	5	违反维护保养规程，每项扣2分		
	合计（总分）		100	机床编号		总得分
开始时间			结束时间		加工时间	

六、任务评价与鉴定

1. 评价（90%）

对任务实施过程进行评价，并将结果填入综合评价表，见表1-9。

表1-9　综合评价表

项目	工艺编制及编程（10%）	机床操作能力（10%）	零件质量（40%）	职业素养（30%）	成绩合计
个人评价					
小组评价					
教师评价					
平均成绩					

2. 鉴定（10%）

学生结合自身收获、指导教师根据任务实施情况，填写实训鉴定表，见表1-10。

表1-10　实训鉴定表

自我鉴定	
	学生签名：_____
	_____年___月___日
指导教师鉴定	
	指导教师签名：_____
	_____年___月___日

七、任务拓展训练

根据本任务相关内容，加工如图 1-33 所示型腔零件。

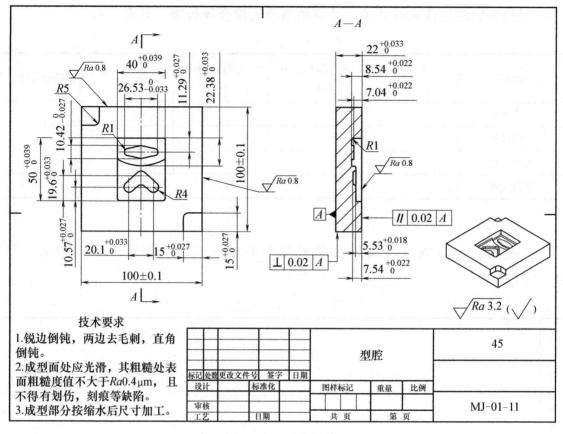

图 1-33　型腔零件

技术要求

1.锐边倒钝，两边去毛刺，直角倒钝。
2.成型面处应光滑，其粗糙处表面粗糙度值不大于 $Ra0.4\mu m$，且不得有划伤，刻痕等缺陷。
3.成型部分按缩水后尺寸加工。

						型腔			45
标记	处数	更改文件号	签字	日期					
设计			标准化			图样标记	重量	比例	
审核									MJ-01-11
工艺			日期			共　页		第　页	

任务三　型芯成型零件加工

![图标]【任务目标】

知识目标	1. 掌握型芯类零件加工工艺安排及编程。 2. 熟练掌握加工工艺中刀具选择、加工余量等参数设置的方法。
技能目标	1. 学会设置合适的参数，使用二维偏移粗加工等功能完成型芯类零件的粗加工。 2. 学会设置合适的参数，使用等高线切削、平坦面加工、轮廓切削等功能完成型芯类零件的精加工。
素养目标	1. 养成安全文明生产和遵守操作规程的意识。 2. 具备良好的人际交往和团队协作能力。

【任务要求】

如图 1-34 所示的型芯，材料为 45 钢，请根据图样要求，合理制定加工工艺，安全操作机床，保证零件达到规定的精度和表面质量要求。

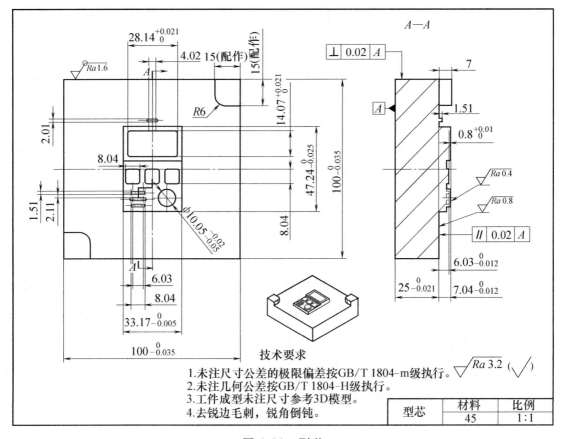

图 1-34　型芯

【任务准备】

完成本任务需要准备的实训物品的清单见表 1-11。

表 1-11　实训物品的清单

序号	实训资源	种类	数量	备注
1	机床	AVL850 型数控铣床	6 台	或者其他数控铣床
2	参考资料	《数控铣床编程手册》《数控铣床操作手册》《数控铣床连接调试手册》	6 本	
3	刀具	D12R0	6 把	
		D6R0.5	6 把	

（续）

序号	实训资源	种类	数量	备注
3	刀具	D4R0	6把	
		D2R1	6把	
4	量具	测量范围为 0~150mm 的游标卡尺	6把	
		分中棒	6个	
5	辅具	平口钳	6把	
		铜棒	6根	
		垫铁	6盒	
6	材料	45 钢	6块	
7	工具车	铣削工具车	6辆	

【相关知识】

一、加工工序的确定

数控铣削的工艺特点决定了数控铣床具有通过一次装夹就可以高质、高效地完成零件多道工序加工的能力，为了充分发挥数控铣床的这一优势和特点，提高其加工的质量和效率，依据待加工零件的结构和工艺特点以及数控铣床的加工能力，拟定零件的具体加工工序是十分必要的。在实际加工过程中，可按表 1-12 列出的原则进行数控铣削工序的划分。

表 1-12　数控铣削工序的划分原则

原则		内容
工序内容的布置	工序集中原则	工序集中原则是指每道工序包括尽可能多的加工内容，从而使工序的总数减少。采用工序集中原则有利于保证加工精度（特别是位置精度）提高生产率，缩短生产周期和减少机床数量。但专用设备和工艺装备投资大，调整维修比较麻烦，生产准备周期较长，不利于转产
	工序分散原则	工序分散原则就是将零件的加工分散在较多的工序内进行，每道工序的加工内容很少。采用工序分散原则有利于调整和维修加工设备和工艺装备，选择合理的切削用量，且易于转产。但工艺路线较长，所需设备及工人多，占地面积大
工序的分配	按使用刀具划分	以同一把刀具完成的工艺过程为一道工序。这种方法适用于零件的待加工表面较多、机床连续工作时间较长、加工程序的编制和检查难度较大等情况。加工中心常用这种方法划分
	按安装次数划分	以一次安装完成的工艺过程为一道工序。这种方法适用于加工内容不多的零件，加工完成后就能达到待检状态

（续）

原则		内容
工序的分配	按粗、精加工划分	粗加工完成的工艺过程为一道工序,精加工完成的工艺过程为一道工序。这种划分方法适用于加工后变形较大,需粗、精加工分开的零件,如毛坯为铸件、焊接件或锻件
	按加工部位划分	以完成相同型面的工艺过程为一道工序,对于加工表面多且复杂的零件来说,可按其结构特点(如内形、外形、曲面和平面等)划分成多道工序
工序先后次序的安排	基面先行原则	用作精基准的表面应优先加工出来,因为定位基准的表面越精确,装夹误差就越小,如箱体类零件总是先加工定位用的平面和两个定位孔,再以平面和定位孔为精基准加工孔系和其他平面
	先粗后精原则	各个表面的加工顺序按照粗加工→半精加工→精加工→光整加工的顺序依次进行,逐步提高表面的加工精度和减小表面粗糙度值
	先主后次原则	零件的主要工作表面、装配基面应先加工,从而能及早发现毛坯中主要表面可能出现的缺陷。次要表面可穿插进行加工,放在主要加工表面加工到一定程度之后、最终精加工之前进行
	先面后孔原则	对箱体、支架类零件,平面轮廓尺寸较大一般先加工平面,再加工孔和其他尺寸。一方面用加工过的平面定位,稳定可靠;另一方面在加工过的平面上加工孔比较容易,并能提高孔的加工精度,特别是钻孔,孔的轴线不易偏斜
辅助工序的安排原则		辅助工序主要包括检验、清洗、去毛刺、去磁、倒棱边、涂防锈油漆和平衡等。其中检验工序是主要的辅助工序,是保证产品质量的主要措施之一,一般安排在粗加工全部结束后精加工之前、重要工序之后、零件在不同车间之间转移前后和零件全部加工结束后
数控工序与普通工序的衔接		数控工序前后一般都穿插有其他普通工序,如衔接不好就容易产生问题,因此要解决好数控工序与非数控工序之间的衔接问题。最好的办法是建立相互状态要求。例如:要不要为后道工序留加工余量,留多少;定位面与孔的精度要求、几何公差等。其目的是能满足加工需要,且使质量目标与技术要求明确,交接验收有依据

二、数控铣削工艺

1. 装夹方案和夹具的选择

零件在数控铣床上被良好定位和装夹是保证数控铣削加工能够顺利进行的前提。这需要通过正确地选用铣削夹具并对零件实现合理的装夹来加以保证。数控铣床与普通铣床在铣削工艺上的差别主要体现在操控方式上,两者零件的装夹定位角度是一致的。与之对应,数控铣削加工装夹方案的选择应依据和考虑如下两个基本原则:

1）装夹时应使零件的加工面充分暴露在外，同时要求夹紧机构元件位置较低，以防止夹具与铣床主轴套筒或刀套、切削刃在加工时发生碰撞。

2）为保持零件安装方位与机床坐标系及编程坐标系方向的一致性，夹具应能保证在机床上实现定向安装，并能协调零件定位面与机床之间保持一定的坐标联系。

2. 数控铣削加工分析

采用数控机床加工，必须根据数控机床的性能特点、应用范围，对零件加工工艺进行分析。一是分析零件数控加工的可能性：对零件毛坯的可安装性、材质的可加工性、刀具运动的可行性和加工余量状况进行分析。二是分析程序编制的方便性：零件图样尺寸的标注方法是否便于坐标计算和程序编制，能否减少刀具的规格和换刀次数，以提高生产率和加工质量。三是通过工艺分析选择合适的加工方案：对于同一零件，由于安装定位的方式、刀具的配备、加工路径的选取、工件坐标系的设置以及生产规模等的差异，往往会有许多可能的加工方案，应根据零件的技术要求选择经济、合理的工艺方案。具体要分析的内容大致如下：

1）零件毛坯的可安装性分析。分析待加工零件的毛坯是否便于定位和装夹，安装基准需不需要进行加工，夹压方式和夹压点的选取是否会妨碍刀具的运动，夹压变形是否对加工质量有影响等。为零件定位、安装和夹具设计提供依据。

2）刀具运动的可行性分析。分析零件毛坯（或坯料）外形和内腔是否存在有碍刀具定位、运动和切削的地方，对有碍部位是否允许进行刀检。为刀具运动路线的确定和程序设计提供依据。

3）毛坯材质的加工性分析。分析毛坯材质本身的力学性能和热处理状态，毛坯的铸造品质和待加工部位的材料硬度，是否有白口、夹砂、疏松等缺陷。判断其加工的难易程度，为刀具材料和切削用量的选择提供依据。

4）加工余量状况的分析。分析毛坯（或坯料）是否留有足够的加工余量，孔加工部位是通孔还是不通孔，有无沉孔等，为刀具选择、加工安排和加工余量分配提供依据。

5）分析零件图样尺寸的标注方法是否适应数控加工的特点。通常零件图样的尺寸标注方法都是要根据装配要求和零件的使用特性分散地从设计基准引注，这样的标注方法会给工序安排、坐标计算和数控加工增加许多麻烦。而数控加工零件图样则要求从同基准引注尺寸或直接给出相应的坐标值（或坐标尺寸），这样有利于编程和协调设计基准、工艺基准、测量基准与编程零点的设置和计算。

6）分析零件图样中构成零件轮廓的几何元素的条件是否充分，如果不充分，则会产生下列问题：一是手工编程时，无法计算基点或节点的坐标；二是自动编程时，无法对构成零件轮廓的几何元素进行定义。

7）分析零件结构工艺性是否有利于数控加工。一是分析零件的外形、内腔是否可以采取统一的几何类型或尺寸，尽可能减少刀具数量和换刀次数；二是分析零件内槽圆角是否过小，内槽圆角的大小决定着刀具直径的大小，因而内槽圆角半径不应过小。

3. 刀具的基本要求

1）刀具刚性要好。要求刀具刚性好的目的：一是满足为提高生产率而采用大切削用量的需求；二是为适应数控铣床自动加工过程中难以根据加工状况及时调整切削用量的特点。

2）刀具的寿命要长。使用数控铣床单件小批生产时，常常用同一把铣刀做粗、精铣削加工。粗铣时刀具磨损较快，再用于精铣会影响零件的表面加工质量和加工精度，因此需要换刀，这会增加换刀和对刀的次数，还会在零件加工表面留下因对刀误差形成的接刀痕迹，进而降低零件的表面质量。虽然使用加工中心进行批量生产时，粗、精铣削加工通常采用不同的刀具，粗铣刀具的磨损不会直接影响到零件的加工质量，但因刀具寿命不够而频繁地更换粗铣刀具也将严重影响到加工效率。

3）选择数控刀具时应注意刀具寿命与切削用量有密切关系。在制定切削用量时，应首先选择合理的刀具寿命，而合理的刀具寿命则应根据优化的目标而定。一般分最高生产率刀具寿命和最低成本刀具寿命两种，前者根据单件工时最少的目标确定，后者根据工序成本最低的目标确定。

选择刀具寿命时可考虑因素有：根据刀具复杂程度、制造和磨刀成本来选择。复杂和精度高的刀具寿命应选得比单刃刀具长些。对于机夹可转位刀具，由于换刀时间短，为了充分发挥其切削性能，提高生产率，刀具寿命可选得短些，一般取 15~30min。对于装刀、换刀和调刀比较复杂的多刀机床、组合机床与自动化加工刀具，刀具寿命应选得长些，应保证刀具可靠性。当车间内某一工序的生产率限制了整个车间的生产率提高时，该工序的刀具寿命要选得短些。当某工序单位时间内所分担到的全厂开支较大时，刀具寿命也应选得短些。大件精加工时，为保证至少完成一次走刀，避免切削中途换刀，刀具寿命应按零件精度和表面粗糙度值来确定。与普通机床加工方法相比，数控加工对刀具提出了更高的要求，不仅需要刚性好，精度高，而且要求尺寸稳定，寿命长，同时要求安装、调整方便，以此来满足数控机床高效率的要求。数控机床上所选用的刀具常采用适应高速切削的刀具材料（如高速钢、超细粒度硬质合金）并使用可转位刀具。

【任务实施】

本任务的实施流程见表1-13。

表1-13　任务的实施流程

序号	任务流程	学时分配
1	相关知识学习	1学时
2	图样分析	1学时
3	制定加工工艺	
4	程序编制	1学时
5	加工零件	4学时
6	检测零件	1学时
7	任务评价与鉴定	1学时
8	任务拓展训练	

一、图样分析

1. 形状分析

该零件为型芯零件，型芯的加工尺寸配合型腔尺寸形成塑件的壁厚，塑件为透明材料时，型芯零件的外表面的处理要求等同于型腔零件表面的处理要求。

2. 尺寸分析

型芯零件的长、宽、深度会影响塑件的外观尺寸，加工时应注意及时对其进行测量检验。塑件的孔位，在型芯上表现为凸台或型面，加工时应注意对其进行深度方向的测量检验。

3. 其他分析

该零件分型面表面粗糙度值要求为$Ra0.8\mu m$，成型面表面粗糙度值要求为$Ra0.4\mu m$，其余表面粗糙度值要求为$Ra3.2\mu m$，未注尺寸公差按标准公差等级IT12执行，零件加工完成后需去除加工过程中产生的毛刺和飞边。

二、制定加工工艺

1. 选择刀具及切削用量

通过对零件的加工工艺分析，选择加工刀具，并编制刀具卡片，见表 1-14。

表 1-14　刀具卡片（参考）

工步	刀具号	直径/mm	圆角半径 /mm	切削用量		
				主轴转速 /（r/min）	进给量 /（mm/r）	背吃刀量 /mm
1	T01	12	0	2800	1500	0.5
2	T02	6	0.5	5000	1000	0.5
3	T01	12	0	5000	1000	0.3
4	T01	12	0	5000	1000	0.2
5	T01	12	0	5000	1000	0.2
6	T01	12	0	5000	1000	0.2
7	T01	12	0	5000	1000	0.2
8	T04	2	1	6000	500	0.1
9	T01	12	0	5000	1000	0.2
10	T03	4	0	5000	500	0.1
11	T01	12	0	5000	1000	0.2
12	T01	12	0	5000	1000	0.2

2. 填写工艺卡片

根据加工工艺和选用刀具的情况，填写工艺卡片，见表 1-15。

表 1-15　工艺卡片（可学员填写）

		产品名称	零件名称		材料
		遥控器面盖	型芯		45 钢
工序	装夹次数	工作场地	使用设备		夹具名称
1	一次装夹	实训车间	数控铣床		平口钳
工步	工步内容	切削用量			刀具	
		主轴转速/ （r/min）	进给量/ （mm/min）	背吃刀量/ mm	编号	类型
1	二维偏移粗加工	2800	1500	0.5	T01	立铣刀
2	二维偏移精加工型芯成型面	5000	1000	0.5	T02	牛鼻铣刀

（续）

工步	工步内容	切削用量			刀具	
		主轴转速/ (r/min)	进给量/ (mm/min)	背吃刀量/ mm	编号	类型
3	二维偏移型芯清根 1	5000	1000	0.3	T01	立铣刀
4	二维偏移型芯清根 2	5000	1000	0.2	T01	立铣刀
5	平坦面加工分型面精加工	5000	1000	0.2	T01	立铣刀
6	轮廓切削精定位精加工	5000	1000	0.2	T01	立铣刀
7	等高线切削型芯侧壁半精加工 1	5000	1000	0.2	T01	立铣刀
8	等高线切削型芯侧壁半精加工 2	6000	500	0.1	T04	球头铣刀
9	等高线切削型芯凸台矩形清根	5000	1000	0.2	T01	立铣刀
10	平坦面加工型芯凹台矩形清根	5000	500	0.1	T03	立铣刀
11	平坦面加工精加工成型面	5000	1000	0.2	T01	立铣刀
12	平坦面加工精加工分型面	5000	1000	0.2	T01	立铣刀
编制		审核		批准		日期

三、程序编制

零件各项加工内容的程序编制见表 1-16。

表 1-16　程序编制

序号	加工内容	图示	程序编制
1	二维偏移粗加工	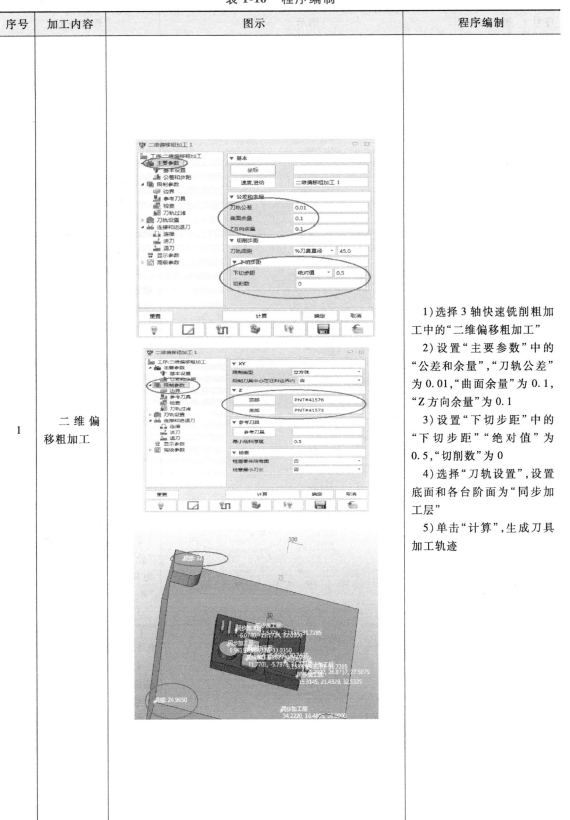	1）选择 3 轴快速铣削粗加工中的"二维偏移粗加工" 2）设置"主要参数"中的"公差和余量"，"刀轨公差"为 0.01，"曲面余量"为 0.1，"Z 方向余量"为 0.1 3）设置"下切步距"中的"下切步距""绝对值"为 0.5，"切削数"为 0 4）选择"刀轨设置"，设置底面和各台阶面为"同步加工层" 5）单击"计算"，生成刀具加工轨迹

（续）

序号	加工内容	图示	程序编制
1	二维偏移粗加工	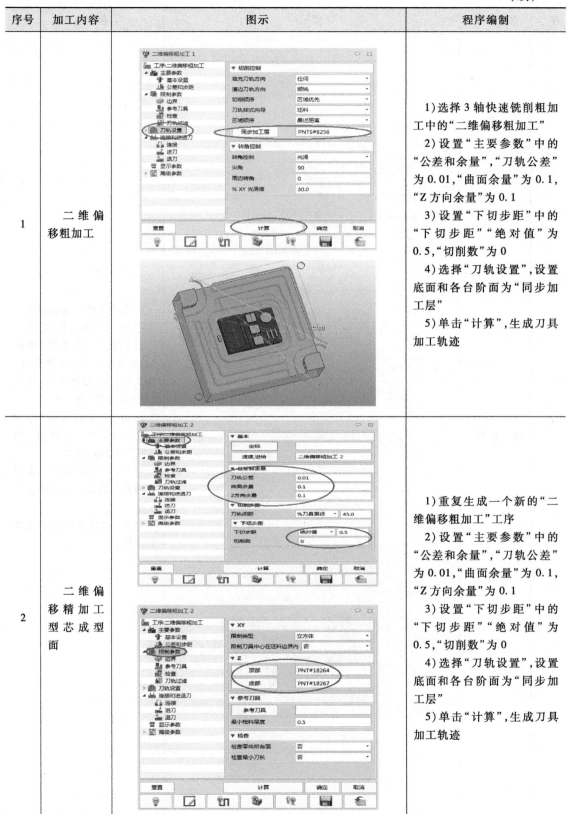	1）选择 3 轴快速铣削粗加工中的"二维偏移粗加工" 2）设置"主要参数"中的"公差和余量","刀轨公差"为 0.01,"曲面余量"为 0.1,"Z 方向余量"为 0.1 3）设置"下切步距"中的"下切步距""绝对值"为 0.5,"切削数"为 0 4）选择"刀轨设置",设置底面和各台阶面为"同步加工层" 5）单击"计算",生成刀具加工轨迹
2	二维偏移精加工型芯成型面		1）重复生成一个新的"二维偏移粗加工"工序 2）设置"主要参数"中的"公差和余量","刀轨公差"为 0.01,"曲面余量"为 0.1,"Z 方向余量"为 0.1 3）设置"下切步距"中的"下切步距""绝对值"为 0.5,"切削数"为 0 4）选择"刀轨设置",设置底面和各台阶面为"同步加工层" 5）单击"计算",生成刀具加工轨迹

（续）

序号	加工内容	图示	程序编制
2	二维偏移精加工型芯成型面	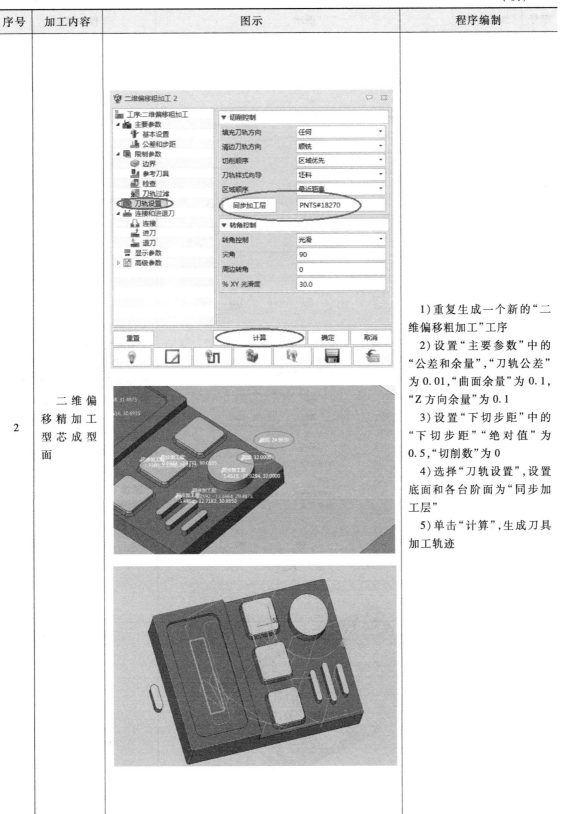	1）重复生成一个新的"二维偏移粗加工"工序 2）设置"主要参数"中的"公差和余量"，"刀轨公差"为 0.01，"曲面余量"为 0.1，"Z 方向余量"为 0.1 3）设置"下切步距"中的"下切步距""绝对值"为 0.5，"切削数"为 0 4）选择"刀轨设置"，设置底面和各台阶面为"同步加工层" 5）单击"计算"，生成刀具加工轨迹

（续）

序号	加工内容	图示	程序编制
3	二维偏移型芯清根 1	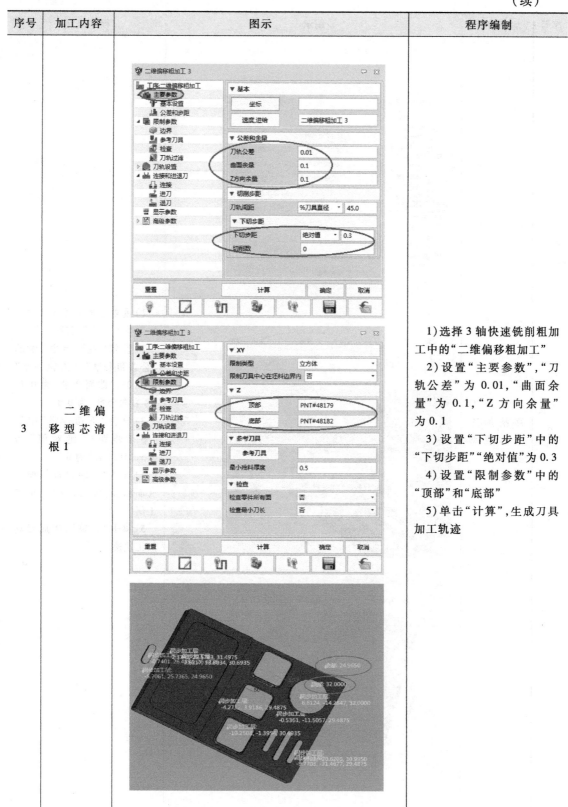	1）选择 3 轴快速铣削粗加工中的"二维偏移粗加工" 2）设置"主要参数"，"刀轨公差"为 0.01，"曲面余量"为 0.1，"Z 方向余量"为 0.1 3）设置"下切步距"中的"下切步距""绝对值"为 0.3 4）设置"限制参数"中的"顶部"和"底部" 5）单击"计算"，生成刀具加工轨迹

（续）

序号	加工内容	图示	程序编制
3	二维偏移型芯清根1	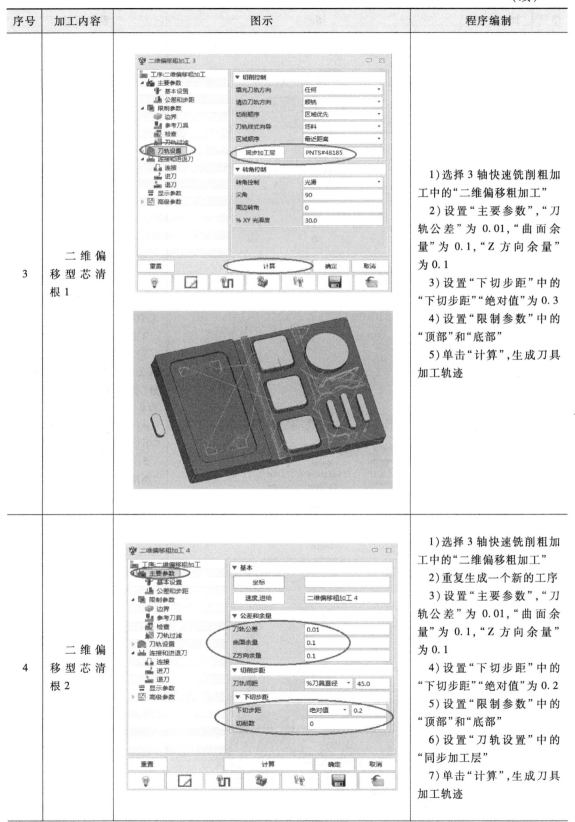	1）选择3轴快速铣削粗加工中的"二维偏移粗加工" 2）设置"主要参数"，"刀轨公差"为0.01，"曲面余量"为0.1，"Z方向余量"为0.1 3）设置"下切步距"中的"下切步距""绝对值"为0.3 4）设置"限制参数"中的"顶部"和"底部" 5）单击"计算"，生成刀具加工轨迹
4	二维偏移型芯清根2		1）选择3轴快速铣削粗加工中的"二维偏移粗加工" 2）重复生成一个新的工序 3）设置"主要参数"，"刀轨公差"为0.01，"曲面余量"为0.1，"Z方向余量"为0.1 4）设置"下切步距"中的"下切步距""绝对值"为0.2 5）设置"限制参数"中的"顶部"和"底部" 6）设置"刀轨设置"中的"同步加工层" 7）单击"计算"，生成刀具加工轨迹

（续）

序号	加工内容	图示	程序编制
4	二维偏移型芯清根2	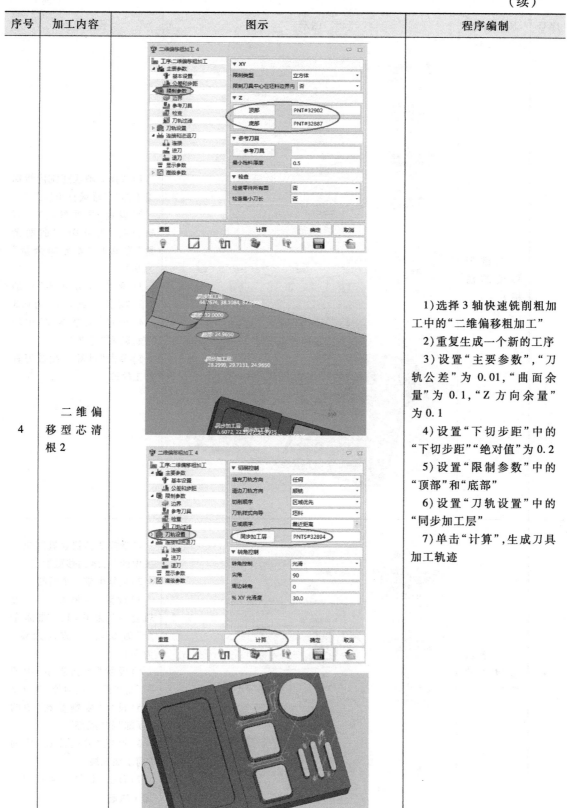	1) 选择3轴快速铣削粗加工中的"二维偏移粗加工" 2) 重复生成一个新的工序 3) 设置"主要参数"，"刀轨公差"为0.01，"曲面余量"为0.1，"Z方向余量"为0.1 4) 设置"下切步距"中的"下切步距""绝对值"为0.2 5) 设置"限制参数"中的"顶部"和"底部" 6) 设置"刀轨设置"中的"同步加工层" 7) 单击"计算"，生成刀具加工轨迹

（续）

序号	加工内容	图示	程序编制
5	平坦面加工分型面精加工	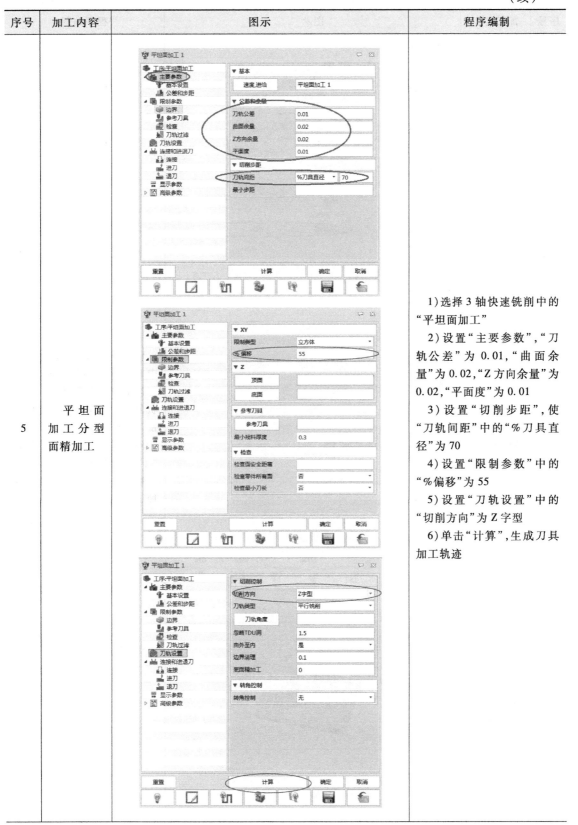	1）选择 3 轴快速铣削中的"平坦面加工" 2）设置"主要参数"，"刀轨公差"为 0.01，"曲面余量"为 0.02，"Z 方向余量"为 0.02，"平面度"为 0.01 3）设置"切削步距"，使"刀轨间距"中的"% 刀具直径"为 70 4）设置"限制参数"中的"% 偏移"为 55 5）设置"刀轨设置"中的"切削方向"为 Z 字型 6）单击"计算"，生成刀具加工轨迹

（续）

序号	加工内容	图示	程序编制
6	轮 廓 切 削 精 定 位 精加工	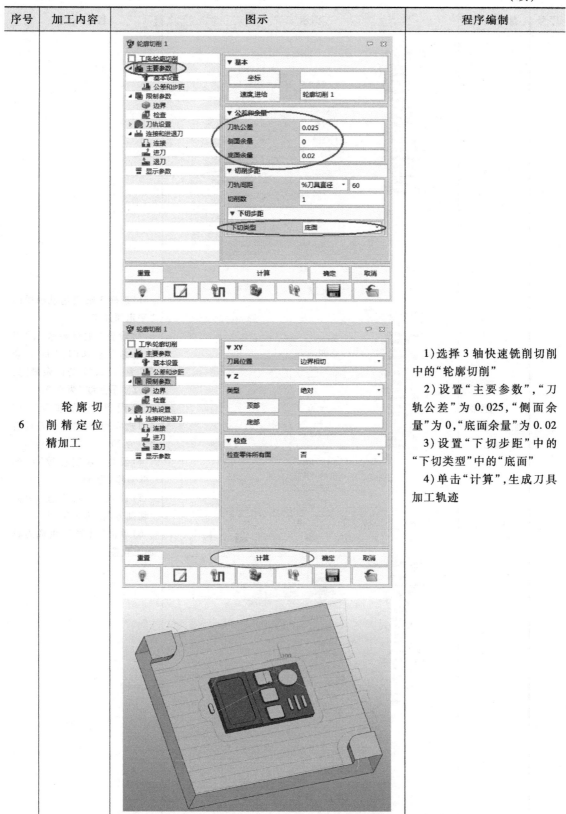	1）选择 3 轴快速铣削切削中的"轮廓切削" 2）设置"主要参数"，"刀轨公差"为 0.025，"侧面余量"为 0，"底面余量"为 0.02 3）设置"下切步距"中的"下切类型"中的"底面" 4）单击"计算"，生成刀具加工轨迹

（续）

序号	加工内容	图示	程序编制
7	等高线切削型芯侧壁半精加工1	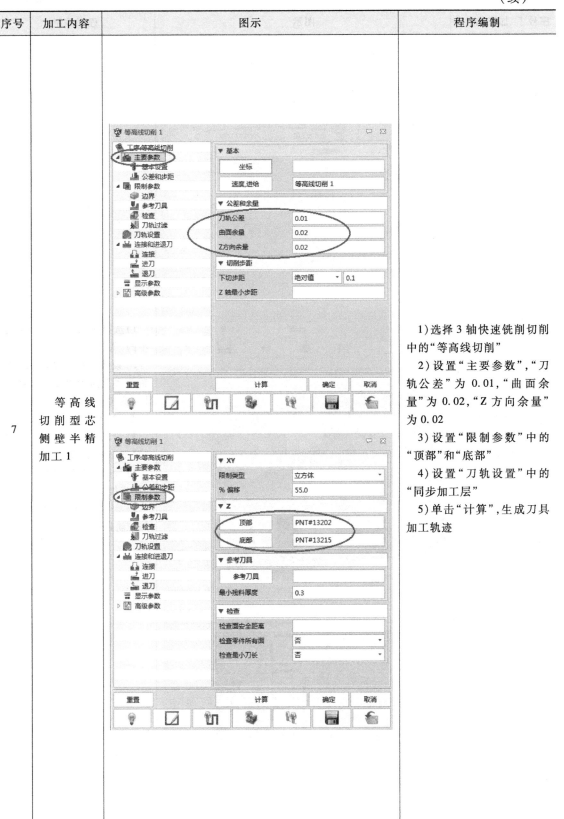	1）选择 3 轴快速铣削切削中的"等高线切削" 2）设置"主要参数"，"刀轨公差"为 0.01，"曲面余量"为 0.02，"Z 方向余量"为 0.02 3）设置"限制参数"中的"顶部"和"底部" 4）设置"刀轨设置"中的"同步加工层" 5）单击"计算"，生成刀具加工轨迹

（续）

序号	加工内容	图示	程序编制
7	等高线切削型芯侧壁半精加工1	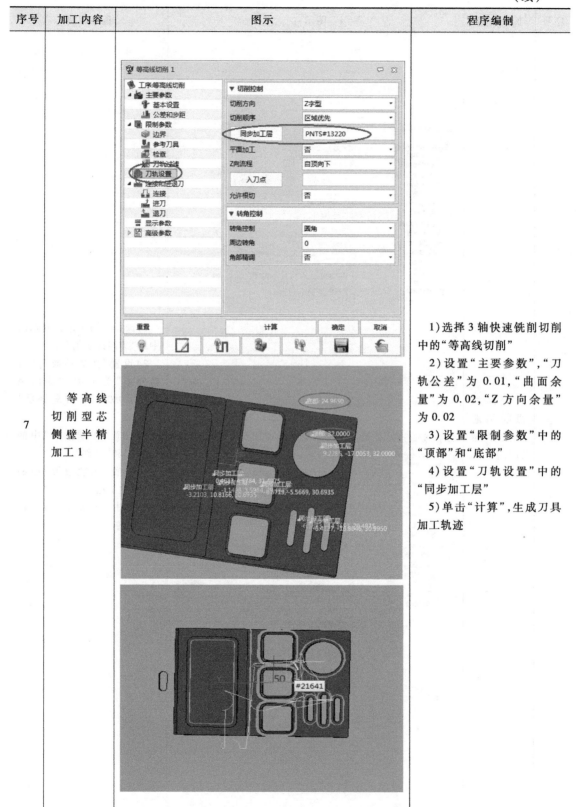	1）选择3轴快速铣削切削中的"等高线切削" 2）设置"主要参数","刀轨公差"为0.01,"曲面余量"为0.02,"Z方向余量"为0.02 3）设置"限制参数"中的"顶部"和"底部" 4）设置"刀轨设置"中的"同步加工层" 5）单击"计算",生成刀具加工轨迹

（续）

序号	加工内容	图示	程序编制
8	等高线切削型芯侧壁半精加工 2	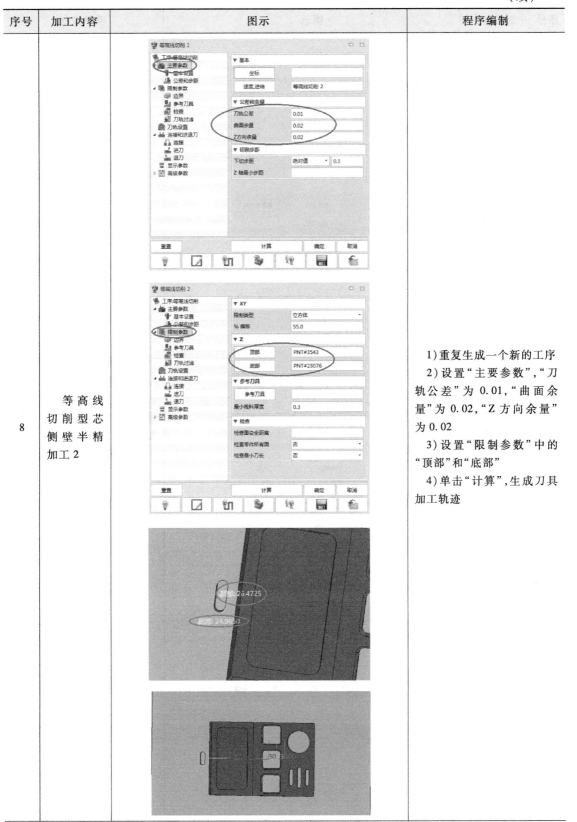	1）重复生成一个新的工序 2）设置"主要参数"，"刀轨公差"为 0.01，"曲面余量"为 0.02，"Z 方向余量"为 0.02 3）设置"限制参数"中的"顶部"和"底部" 4）单击"计算"，生成刀具加工轨迹

（续）

序号	加工内容	图示	程序编制
9	等高线切削型芯凸台矩形清根	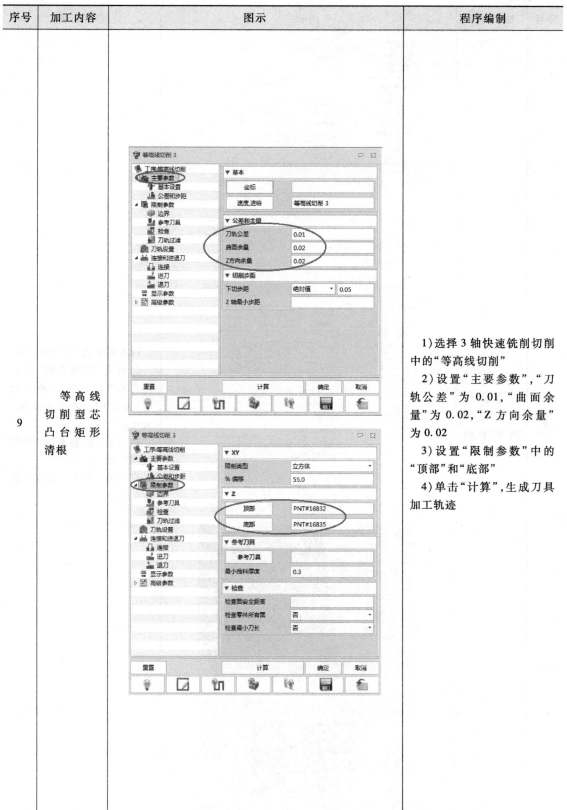	1）选择 3 轴快速铣削切削中的"等高线切削" 2）设置"主要参数"，"刀轨公差"为 0.01，"曲面余量"为 0.02，"Z 方向余量"为 0.02 3）设置"限制参数"中的"顶部"和"底部" 4）单击"计算"，生成刀具加工轨迹

（续）

序号	加工内容	图示	程序编制
9	等高线切削型芯凸台矩形清根	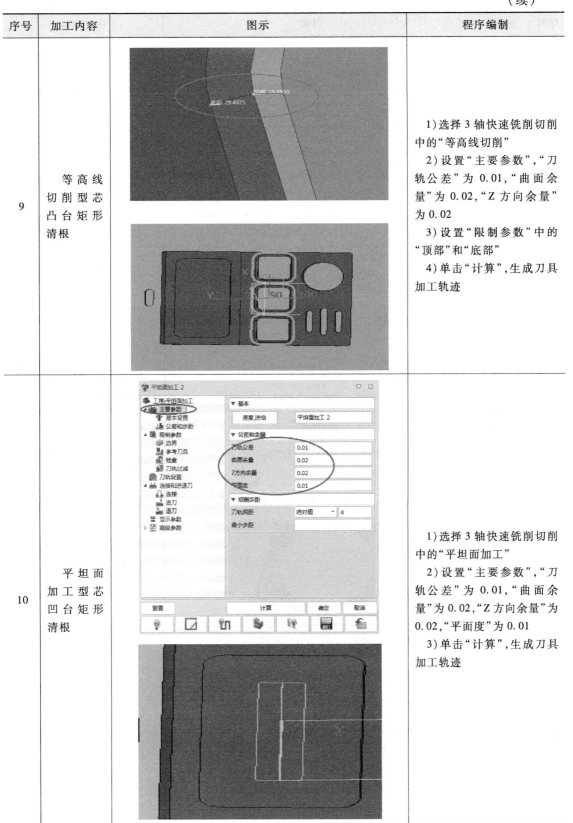	1）选择 3 轴快速铣削切削中的"等高线切削" 2）设置"主要参数"，"刀轨公差"为 0.01，"曲面余量"为 0.02，"Z 方向余量"为 0.02 3）设置"限制参数"中的"顶部"和"底部" 4）单击"计算"，生成刀具加工轨迹
10	平坦面加工型芯凹台矩形清根		1）选择 3 轴快速铣削切削中的"平坦面加工" 2）设置"主要参数"，"刀轨公差"为 0.01，"曲面余量"为 0.02，"Z 方向余量"为 0.02，"平面度"为 0.01 3）单击"计算"，生成刀具加工轨迹

（续）

序号	加工内容	图示	程序编制
11	平坦面加工精加工成型面	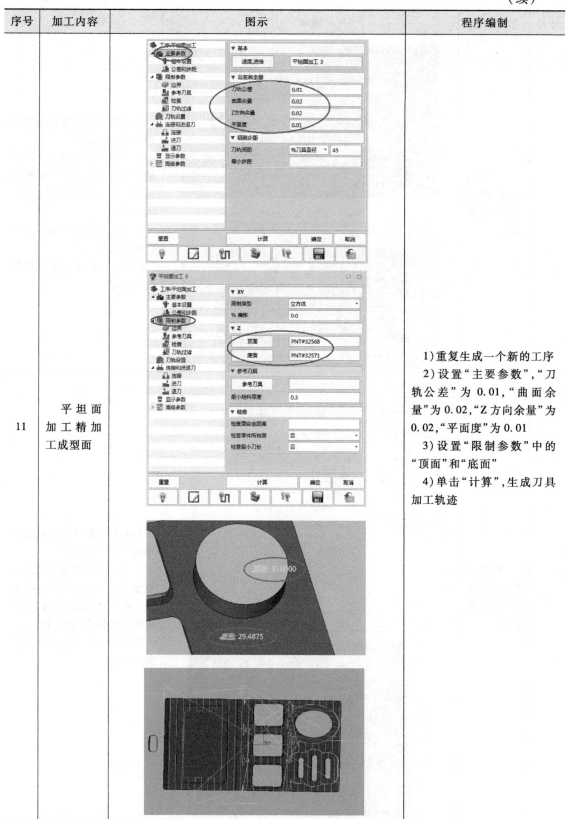	1）重复生成一个新的工序 2）设置"主要参数"，"刀轨公差"为 0.01，"曲面余量"为 0.02，"Z方向余量"为0.02，"平面度"为 0.01 3）设置"限制参数"中的"顶面"和"底面" 4）单击"计算"，生成刀具加工轨迹

（续）

序号	加工内容	图示	程序编制
12	平坦面加工精加工分型面	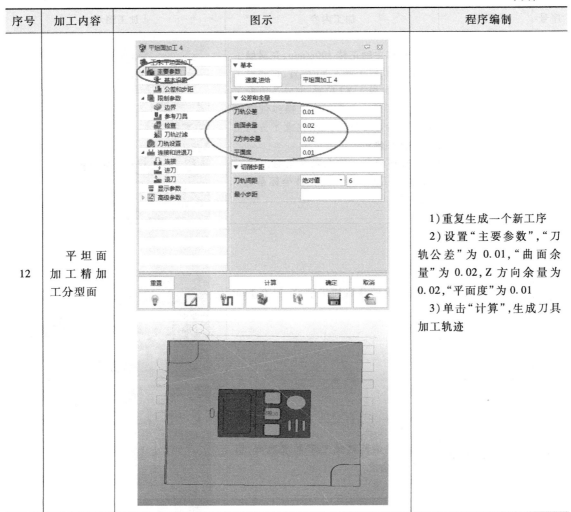	1）重复生成一个新工序 2）设置"主要参数"，"刀轨公差"为 0.01，"曲面余量"为 0.02，Z 方向余量为 0.02，"平面度"为 0.01 3）单击"计算"，生成刀具加工轨迹

四、加工零件

加工零件时，各工步的加工内容见表 1-17。

表 1-17　各工步的加工内容

序号	工步	加工内容	加工图示
1	装夹工件	将坯料放在平口钳上，敲紧垫铁	

（续）

序号	工步	加工内容	加工图示
2	建立工件坐标系	分中棒主轴正转 300r/min，先碰触工件左端面，机床录入 X1 位置，再碰触工件右端面，录入 X2 位置，完成 X 方向工件坐标系建立。重复以上操作依次碰触工件后端面和前端面，完成 Y 方向工件坐标系建立 Z 轴移动到工件上表面用对刀棒对刀，确定工件上表面为工件坐标系的 Z 轴零位	
3	二维偏移粗加工	用二维偏移粗加工型芯，留 0.1mm 余量	
4	二维偏移精加工型芯成型面	用二维偏移精加工型芯成型面，留 0.01mm 余量	
5	二维偏移型芯清根 1	用二维偏移粗加工清根，留 0.1mm 余量	
6	二维偏移型芯清根 2	用二维偏移粗加工清根，留 0.1mm 余量	

（续）

序号	工步	加工内容	加工图示
7	平坦面加工分型面精加工	用平坦面精加工，分型面留 0.02mm 余量	
8	轮廓切削精定位精加工	用轮廓切削精加工精定位，不留余量	
9	等高线切削型芯侧壁半精加工 1	用等高线切削型芯侧壁半精加工，留 0.02mm 余量	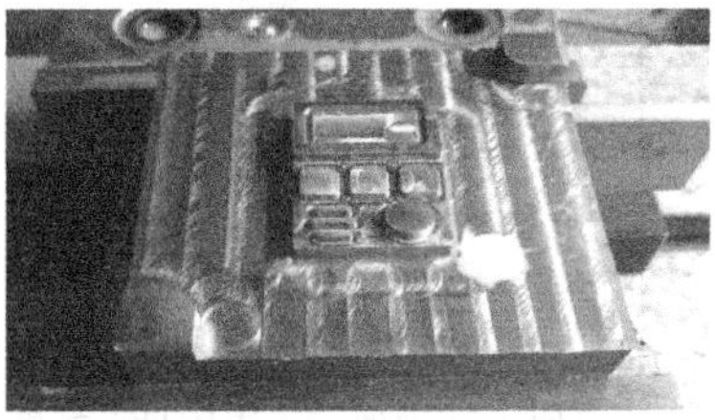
10	等高线切削型芯侧壁半精加工 2	用等高线切削型芯侧壁精加工，留 0.02mm 余量	
11	等高线切削型芯凸台矩形清根	用等高线切削型芯凸台矩形清根，留 0.02mm 余量	

（续）

序号	工步	加工内容	加工图示
12	平坦面加工型芯凹台矩形清根	用平坦面加工型芯凹台矩形清根，留0.02mm余量	
13	平坦面加工精加工成型面	用平坦面加工精加工成型面，留0.02mm余量	
14	平坦面加工精加工分型面	用平坦面加工精加工分型面，留0.02mm余量	
15	维护保养	卸下工件，清扫、维护机床，将刀具、量具擦净	

五、检测零件

小组成员分工检测零件，并将检测结果填入零件检测表，见表1-18。

表 1-18　零件检测表

序号	检测项目	检测内容	配分	检测要求	学生自评	老师测评
1	长度	$28.14_{0}^{+0.021}$	5	超差不得分		
2		$33.17_{-0.005}^{0}$	5	超差不得分		
3	宽度	$14.07_{0}^{+0.021}$	5	超差不得分		
4		$47.24_{-0.025}^{0}$	5	超差不得分		
5	高度	$0.8_{0}^{+0.01}$	5	超差不得分		
6		$6.03_{-0.012}^{0}$	5	超差不得分		
7		$7.04_{-0.012}^{0}$	5	超差不得分		
8		$25_{-0.021}^{0}$	5	超差不得分		
9	直径	$\phi10.05_{-0.05}^{-0.02}$	5	超差不得分		
10		锐角倒钝	5	未处理不得分		
11	几何公差	$\boxed{\perp\ 0.02\ A}$	5	超差不得分		
12		$\boxed{\parallel\ 0.02\ A}$	5	超差不得分		
13	表面质量	$Ra1.6\mu m$	10	超差不得分		
14		$Ra3.2\mu m$	5	超差不得分		
15		去除毛刺飞边	5	未处理不得分		
16	时间	零件按时完成	5	未按时完成不得分		
17	现场操作规范	安全操作	5	按违反操作规程程度扣分		
18		工具和量具使用	5	工具和量具使用错误,每项扣2分		
19		设备维护保养	5	违反维护保养规程,每项扣2分		
	合计(总分)		100	机床编号	总得分	
	开始时间		结束时间		加工时间	

六、任务评价与鉴定

1. 评价（90%）

对任务实施过程进行评价，并将结果填入综合评价表，见表 1-19。

表 1-19 综合评价表

项目	工艺编制及编程 （10%）	机床操作能力 （10%）	零件质量 （40%）	职业素养 （30%）	成绩合计
个人评价					
小组评价					
教师评价					
平均成绩					

2. 鉴定（10%）

学生结合自身收获、指导教师根据任务实施情况，填写实训鉴定表，见表 1-20。

表 1-20 实训鉴定表

自我鉴定	 学生签名：_____ _____年___月___日
指导教师鉴定	 指导教师签名：_____ _____年___月___日

七、任务拓展训练

根据本任务相关内容，加工如图 1-35 所示型芯零件。

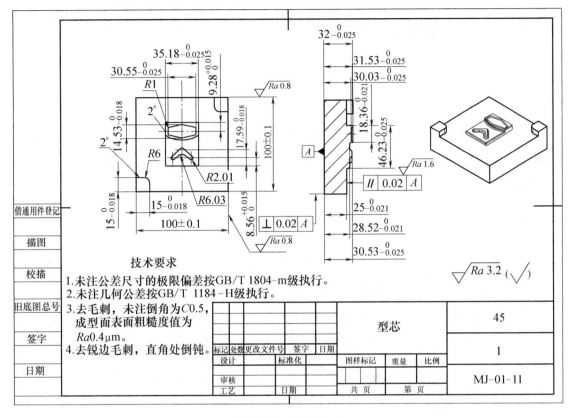

技术要求

借通用件登记

描图

校描

旧底图总号

签字

日期

1. 未注公差尺寸的极限偏差按GB/T 1804-m级执行。
2. 未注几何公差按GB/T 1184-H级执行。
3. 去毛刺，未注倒角为C0.5，成型面表面粗糙度值为 Ra0.4μm。
4. 去锐边毛刺，直角处倒钝。

				型芯		45
标记	处数	更改文件号	签字	日期		
设计		标准化		图样标记	重量	比例
						1
审核						MJ-01-11
工艺		日期		共 页	第 页	

图 1-35　型芯零件

项目二 典型滑块斜顶类模具成型零件加工

本项目为应急按钮盒盖典型滑块斜顶类塑料模具，模具装配图如图 2-1 所示。模架由厂家按照标准工艺生产，需要本项目加工的零件有型芯 22、型腔 16、滑块 21 和斜顶 4。

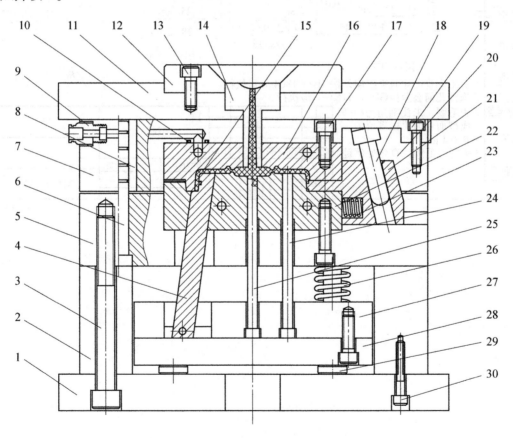

图 2-1 典型滑块斜顶类模具装配图

1—动模座板 2—垫块 3、13、17、19、30—内六角螺钉 4—斜顶 5—动模板 6—导柱 7—定模板

8—导套 9—水嘴 10—密封胶圈 11—定模座板 12—定位圈 14—浇口套 15—塑件 16—型腔

18—斜导柱 20—锁紧块 21—滑块 22—型芯 23—弹簧 24—顶杆 25—拉料杆 26—复位弹簧

27—顶杆固定板 28—推板 29—支承柱

模具合模时，在导柱 6 和导套 8 的导向定位下，动模部分和定模部分闭合，滑块 21 在斜导柱 18 的斜向力下压缩弹簧 23 向左运动，最终锁紧块 20 压紧滑块 21 到达闭合位置，同时滑块 21 左侧面与型芯 22 的右侧成型面碰触，呈现碰穿关系。

塑件要填充的腔体由型腔 16、型芯 22、斜顶 4 和滑块 21 共同组成，并由注射机合模系统提供的锁模力锁紧。然后注射机开始注塑，塑料熔体经定模上的浇口套 14 进入腔体，待熔体充满腔体并经过保压、补缩和冷却定型后开模。

模具开模时，注射机合模系统带动动模部分后退，同时滑块 21 在弹簧 23 的弹力和斜导柱 18 的带动下向右滑动，模具从动模和定模分型面分开。滑块 21 滑动过程中，滑块头退出塑件 15 右侧，实现塑件 15 的侧向特征成型。塑件 15 包裹在型芯 22 上随动模部分一起后退。同时，拉料杆 25 将浇注系统的主流道凝料从浇口套 14 中拉出。

当动模部分到达开模行程后，注射机的推杆通过动模座板 1 中间的圆孔推动推板 28，推出机构开始动作。顶杆 24、拉料杆 25 和斜顶 4 分别将塑件 15 及浇注系统凝料从型芯 22 中推出，塑件 15 与浇注系统凝料一起从模具中落下。在推出过程中，斜顶 4 在型芯 22 斜导滑槽的导向下向右滑动，实现塑件 15 的内侧特征成型。推出机构在复位弹簧 26 的作用下回退到动模底部，至此完成一次注射过程。合模时，推出机构靠复位杆确认复位并准备下一次注射。

任务一　型芯成型零件加工

【任务目标】

知识目标	1. 熟练掌握型芯类零件加工工艺安排及编程。 2. 了解型芯零件在模具中的作用,学会加工型芯的关键配合尺寸。
技能目标	1. 学会设置合适的参数,使用二维偏移粗加工功能完成型芯类零件的粗加工。 2. 学会设置合适的参数,使用等高线切削功能完成型芯类零件陡峭面的精加工。
素养目标	1. 养成安全文明生产和遵守操作规程的意识。 2. 具备良好的人际交往和团队协作能力。

【任务要求】

如图 2-2 所示的型芯，材料为 45 钢，请根据图样要求，合理制定加工工艺，安全操作机床，保证零件达到规定的精度和表面质量要求。

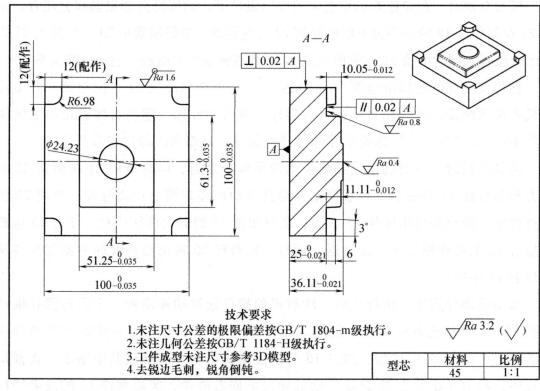

图 2-2　型芯

【任务准备】

完成本任务需要准备的实训物品的清单见表 2-1。

表 2-1　实训物品清单

序号	实训资源	种类	数量	备注
1	机床	AVL850 型数控铣床	6 台	或者其他数控铣床
2	参考资料	《数控铣床编程手册》《数控铣床操作手册》《数控铣床连接调试手册》	3 本	
3	刀具	D12R0	6 把	
		D12R1	6 把	
4	量具	测量范围为 0~150mm 的游标卡尺	6 把	
		分中棒	6 个	
5	辅具	平口钳	6 把	
		铜棒	6 根	
		垫铁	6 盒	
6	材料	45 钢	6 块	
7	工具车	铣削工具车	6 辆	

【相关知识】

一、型芯成型零件结构设计

型芯用于成型制件内表面。根据成型面积的差异，型芯通常可分为整体式和组合式两类。

1. 整体式型芯

在如图 2-3 所示结构中，整体式型芯与模板为一个整体，具有结构简单、强度好等优点，但消耗钢材较多、加工不便，主要用于形状简单或强度要求较高的场合。

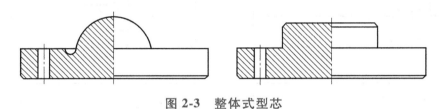

图 2-3　整体式型芯

2. 组合式型芯

为降低加工难度，节约材料，可将形状较为复杂的型芯制成组合式结构。常见的组合式型芯可分为整体嵌入式和局部嵌入式两类。

（1）整体嵌入式　整体嵌入式型芯指将型芯单独加工后，再镶入型芯固定板形成的结构中，如图 2-4 所示。图 2-4a 所示结构较为简单，是采用螺钉、销钉直接连接的结构。该结构加工方便，但强度较差，多用于制件形状简单或精度要求

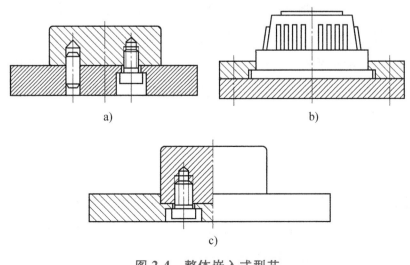

图 2-4　整体嵌入式型芯

不高的中小型模具；图 2-4b 所示结构采用台肩连接，虽然结构稍显复杂，但牢固可靠，是较为常用的连接方法；图 2-4c 所示结构采用尾端嵌入的固定方法，虽然加工复杂，但省去了支承板，也是较为常用的方法之一。

当型芯在分型面上的投影形状较为复杂时，可采用电火花线切割机床分别加工出型芯外形及型芯固定板内的固定孔。待型芯装入型芯固定板后，再用螺钉将型芯固定在支承板上，如图 2-5a 所示；若型芯形状复杂，但没有适合的电火花线切割机床时，可先将型芯底部加工成矩形，然后将其尾端嵌入型芯固定板并紧固，如图 2-5b 所示。

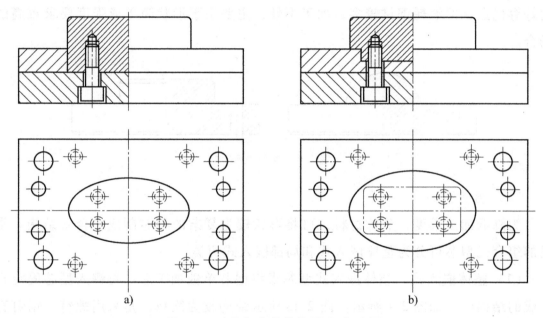

图 2-5　形状复杂的整体嵌入式型芯

（2）局部嵌入式　当制件内部具有难以直接加工的沟槽时，可在主型芯内部镶嵌与之形状对应的型芯，以简化加工工艺，局部嵌入式型芯如图 2-6 所示。

在如图 2-6a 所示结构中，为了成型制件底部的矩形肋，在型芯内部镶入了长方形的型芯；在如图 2-6b 所示结构中，制件底部不但设有矩形肋，还设有凸起的圆台。

二、数控铣削及加工分析

数控铣削及孔系加工是机械加工中最常用的和最主要的数控加工内容之一。数控铣床和加工中心集中了金属切削设备的优势，具有多种工艺手段，能实现一次装夹后的铣、镗、钻、铰、攻螺纹等综合加工。

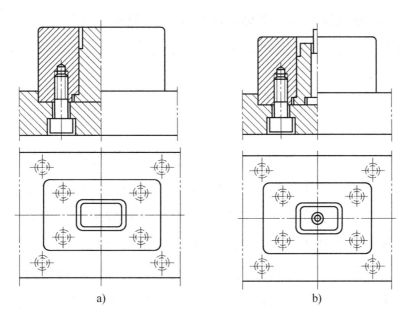

a)　　　　　　　　　　　　　　　b)

图 2-6　局部嵌入式型芯

数控铣床和加工中心除了能铣削普通铣床能铣削的各种零件表面，还能铣削普通铣床不能铣削的复杂轮廓及三维曲面轮廓。它不需要分盘度即可实现钻、镗、攻螺纹等孔系加工，添加附加轴后可方便地实现多坐标联动的各种复杂的槽型及立体轮廓的加工，采用回转工作台和立卧转换的主轴头还可实现除安装基面外的五面加工，加工工艺范围相当宽。数控铣削及加工中心的主要加工对象有以下三类。

1. 平面类零件

平面类零件的加工面与定位面成固定的角度，且各个加工面是平面或可以展开为平面，如各种盖板、凸轮及飞机整体结构件中的框和肋等。

2. 变斜角类零件

加工面与水平面的夹角呈连续变化的零件称为变斜角类零件。

3. 曲面类零件

加工面为空间曲面的零件称为曲面类零件。曲面类零件的加工面不仅不能展开为平面，而且它的加工面与铣刀始终为点接触。加工曲面类零件一般采用三坐标数控铣床，常用的加工方法主要有以下两种：

1）采用三坐标数控铣床进行二轴半坐标控制加工，加工时只有两个坐标联动，另一个坐标以一定行距周期性进给。这种方法常用于不太复杂的空间曲面的加工。

2）采用三坐标数控铣床三坐标联动加工空间曲面。所用铣床必须能进行 X、Y、Z 三坐标联动加工，进行空间直线插补。这种方法常用于发动机及模具等复杂空间曲面的加工。

三、找正装夹工件

装夹工件时，用量具（如百分表，千分表）、划线盘或目测方式直接在机床找正工件的某一表面，使工件处于正确位置的装夹方式，称为直接装夹。在这种装夹方式中，被找正的表面就是工件的基准面。这种装夹方式的定位精度与所用量具的精度、操作者的技术水平有关，找正所需的时间长，也不稳定，只适用于单件小批量生产。但是当工件加工要求特别高且没有专门的高精度夹具时，也可采用这种装夹方式。此时，必须由技术熟练的工人使用高精度量具进行操作。

四、工件的装夹方式

机床夹具是指在机械加工过程中用以装夹工件的机床附加装置，常用的有夹具和专用夹具两种类型。铣床用平口钳便是最常用的通用夹具。使用夹具装夹时，工件可迅速且正确地被装夹到加工所需要的位置，不需要找正就能保证工件与机床、刀具间的正确位置。这种装夹方式生产率高，定位精度好，被广泛用于批量生产和单件小批生产的关键工序中。

【任务实施】

本任务的实施流程见表 2-2。

表 2-2　任务的实施流程

序号	任务流程	学时分配
1	相关知识学习	1 学时
2	图样分析	2 学时
3	制定加工工艺	
4	程序编制	2 学时
5	加工零件	5 学时
6	检测零件	1 学时
7	任务评价与鉴定	1 学时
8	任务拓展训练	

一、图样分析

1. 形状分析

该零件为型芯零件，型芯的加工尺寸配合型腔尺寸形成塑件的壁厚，塑件为透明材料时，型芯零件的外表面的处理要求等同于型腔零件表面的处理要求。

2. 尺寸分析

型芯零件的长、宽、深度会影响塑件的外观尺寸，加工时应注意及时对其进行测量检验。塑件的孔位，在型芯上表现为型面。中间圆台为进胶的碰穿面，加工时应注意测量型面与分型面之间的尺寸。

3. 其他分析

该零件分型面表面粗糙度值要求为 $Ra0.8\mu m$，成型面表面粗糙度值要求为 $Ra0.4\mu m$，其余表面粗糙度值要求为 $Ra3.2\mu m$，未注尺寸公差按标准公差等级 IT12 执行，零件加工完成后需去除加工过程中产生的毛刺和飞边。

二、制定加工工艺

1. 选择刀具及切削用量

通过对零件的加工工艺分析，选择加工刀具，并编制刀具卡片，见表 2-3。

表 2-3　刀具卡片（参考）

工步	刀具号	直径/mm	圆角半径/mm	切削用量		
				主轴转速/（r/min）	进给量/（mm/r）	背吃刀量/mm
1	T01	12	0	2800	1500	0.1
2	T01	12	0	3600	1000	1
3	T02	12	1	2800	800	0.3

2. 填写工艺卡片

根据加工工艺和选用刀具的情况，填写工艺卡片，见表 2-4。

表 2-4　工艺卡片（可学员填写）

		产品名称	零件名称	材料
		应急按钮盒盖	型芯	45 钢
工序	装夹次数	工作场地	使用设备	夹具名称
1	一次装夹	实训车间	数控铣床	平口钳

（续）

工步	工步内容	切削用量			刀具	
		主轴转速/ （r/min）	进给量/ （mm/min）	背吃刀量/ mm	编号	类型
1	二维偏移粗 加工	2800	1500	1	T01	立铣刀
2	二维偏移精加 工成型面底部、分 型面底部及精定 位顶部	3600	1000	1	T01	立铣刀
3	等高线切削精 加工型芯成型面、 分型面、精定位 侧壁	2800	800	0.3	T02	牛鼻铣刀
编制		审核		批准		日期

三、程序编制

零件各项加工内容的程序编制见表 2-5。

表 2-5　程序编制

序号	加工内容	图示	程序编制
1	二维偏移粗 加工		1）选择 3 轴快速铣削 粗加工中的"二维偏移 粗加工" 2）设置"主要参数"中 的"公差和余量"，"刀轨 公差"为 0.01，"曲面余 量"为 0.2，"Z 方向余 量"为 0.02 3）设置"下切步距"中 的"下切步距""绝对 值"为 1，"切削数"为 0 4）设置"限制参数"中 "Z""顶部"为零件上表 面，"底部"为型芯分 型面 5）选择"刀轨设置"， 设置顶面和各台阶面及 精定位为"同步加工层" 6）单击"计算"，生成 刀具加工轨迹

（续）

序号	加工内容	图示	程序编制
1	二维偏移粗加工	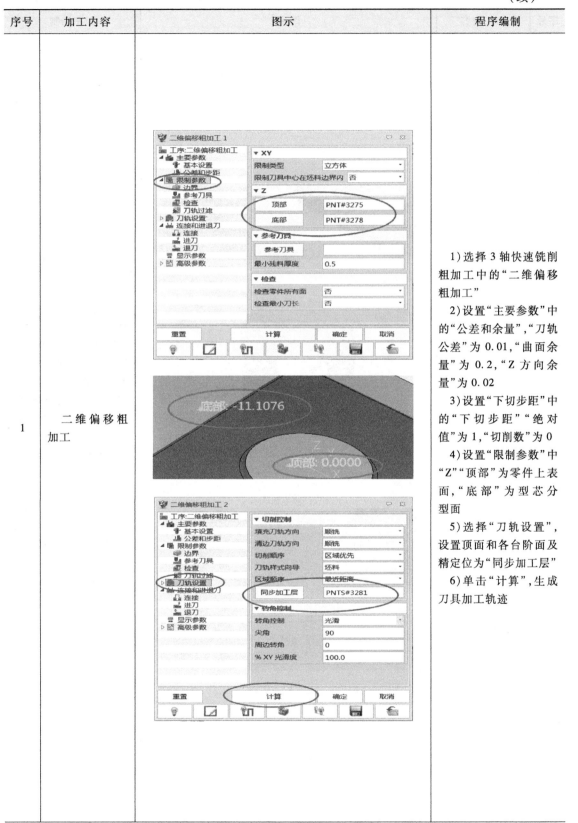	1）选择3轴快速铣削粗加工中的"二维偏移粗加工" 2）设置"主要参数"中的"公差和余量"，"刀轨公差"为0.01，"曲面余量"为0.2，"Z方向余量"为0.02 3）设置"下切步距"中的"下切步距""绝对值"为1，"切削数"为0 4）设置"限制参数"中"Z""顶部"为零件上表面，"底部"为型芯分型面 5）选择"刀轨设置"，设置顶面和各台阶面及精定位为"同步加工层" 6）单击"计算"，生成刀具加工轨迹

（续）

序号	加工内容	图示	程序编制
1	二维偏移粗加工	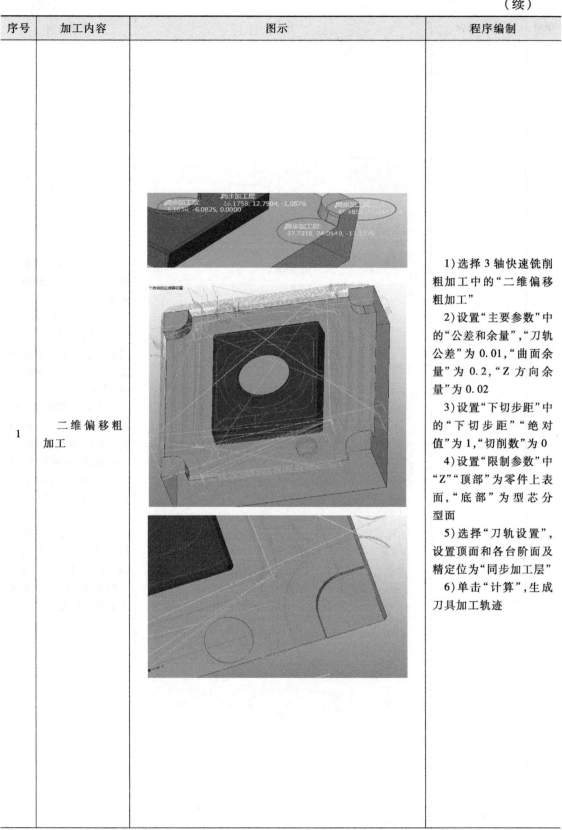	1）选择3轴快速铣削粗加工中的"二维偏移粗加工" 2）设置"主要参数"中的"公差和余量"，"刀轨公差"为0.01，"曲面余量"为0.2，"Z方向余量"为0.02 3）设置"下切步距"中的"下切步距""绝对值"为1，"切削数"为0 4）设置"限制参数"中"Z""顶部"为零件上表面，"底部"为型芯分型面 5）选择"刀轨设置"，设置顶面和各台阶面及精定位为"同步加工层" 6）单击"计算"，生成刀具加工轨迹

（续）

序号	加工内容	图示	程序编制
2	二维偏移精加工成型面底部、分型面底部及精定位顶部	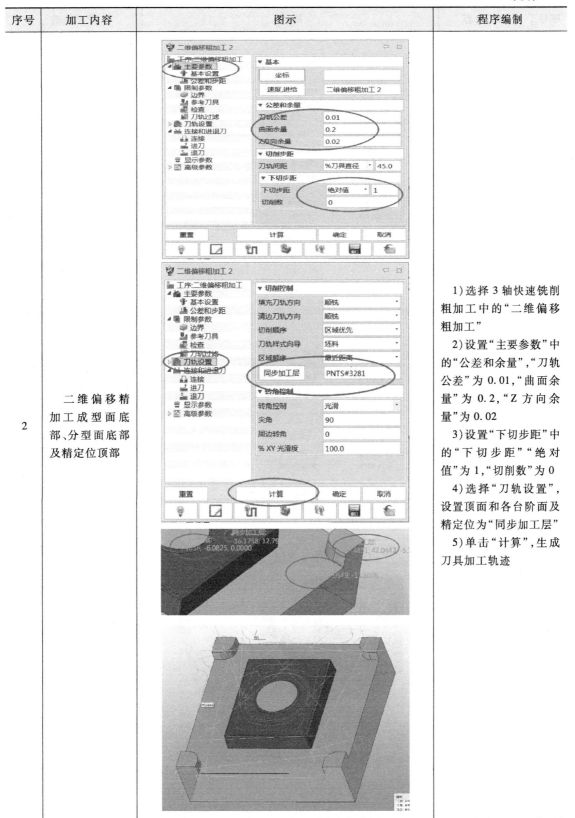	1）选择 3 轴快速铣削粗加工中的"二维偏移粗加工" 2）设置"主要参数"中的"公差和余量"，"刀轨公差"为 0.01，"曲面余量"为 0.2，"Z 方向余量"为 0.02 3）设置"下切步距"中的"下切步距""绝对值"为 1，"切削数"为 0 4）选择"刀轨设置"，设置顶面和各台阶面及精定位为"同步加工层" 5）单击"计算"，生成刀具加工轨迹

（续）

序号	加工内容	图示	程序编制
3	等高线切削精加工型芯成型面、分型面、精定位侧壁	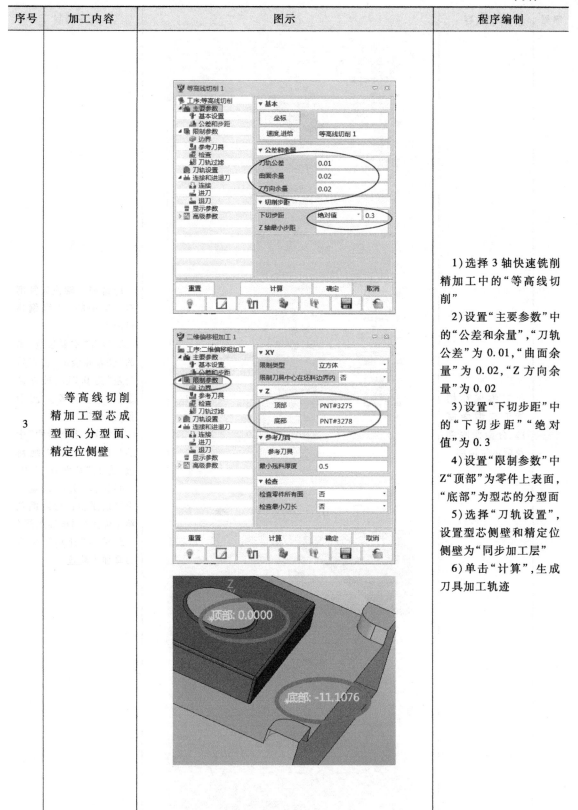	1）选择3轴快速铣削精加工中的"等高线切削" 2）设置"主要参数"中的"公差和余量"，"刀轨公差"为0.01，"曲面余量"为0.02，"Z方向余量"为0.02 3）设置"下切步距"中的"下切步距""绝对值"为0.3 4）设置"限制参数"中Z"顶部"为零件上表面，"底部"为型芯的分型面 5）选择"刀轨设置"，设置型芯侧壁和精定位侧壁为"同步加工层" 6）单击"计算"，生成刀具加工轨迹

（续）

序号	加工内容	图示	程序编制
3	等高线切削精加工型芯成型面、分型面、精定位侧壁	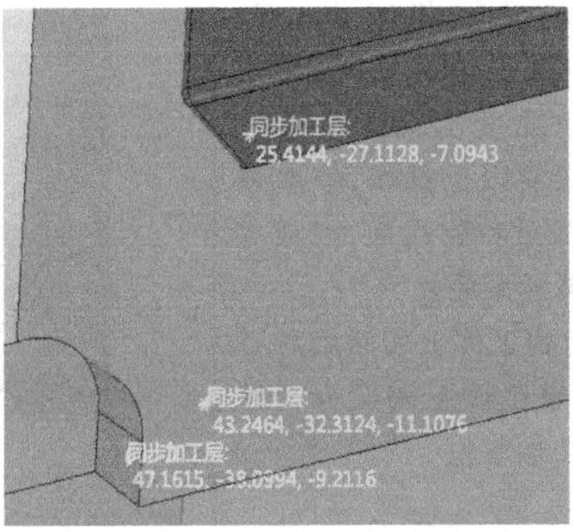 	1）选择 3 轴快速铣削精加工中的"等高线切削" 2）设置"主要参数"中的"公差和余量"，"刀轨公差"为 0.01，"曲面余量"为 0.02，"Z 方向余量"为 0.02 3）设置"下切步距"中的"下切步距""绝对值"为 0.3 4）设置"限制参数"中Z"顶部"为零件上表面，"底部"为型芯的分型面 5）选择"刀轨设置"，设置型芯侧壁和精定位侧壁为"同步加工层" 6）单击"计算"，生成刀具加工轨迹

四、加工零件

加工零件时，各工步的加工内容见表 2-6。

表 2-6　各工步的加工内容

序号	工步	加工内容	加工图示
1	装夹工件	将坯料放在平口钳上，Z 轴留 12mm 余量，敲紧垫铁	

（续）

序号	工步	加工内容	加工图示
2	建立工件坐标系	分中棒主轴正转 300r/min，先碰触工件左端面，机床录入 X1 位置，再碰触工件右端面，录入 X2 位置，完成 X 方向工件坐标系建立。重复以上操作，依次碰触工件后端面和前端面，完成 Y 方向工件坐标系建立 Z 轴移动到工件上表面用对刀棒对刀，确定工件上表面为工件坐标系的 Z 轴零位	
3	二维偏移粗加工	用二维偏移粗加工型芯，留 0.2mm 余量	
4	二维偏移精加工成型面底部、分型面底部及精定位顶部	用二维偏移半精加工型芯，留 0.05mm 余量	
5	等高线切削精加工型芯成型面、分型面、精定位侧壁	用等高线切削精加工型芯，留 0.02mm 余量	
6	维护保养	卸下工件，清扫，维护机床，将刀具、量具擦净	

五、检测零件

小组成员分工检测零件，并将检测结果填入零件检测表，见表 2-7。

表 2-7　零件检测表

序号	检测项目	检测内容	配分	检测要求	学生自评	老师测评
1	长度	$51.25_{-0.035}^{0}$	5	超差不得分		
2	宽度	$61.3_{-0.035}^{0}$	5	超差不得分		
3	高度	$10.05_{-0.012}^{0}$	5	超差不得分		
4		$11.11_{-0.012}^{0}$	5	超差不得分		
5		$25_{-0.021}^{0}$	5	超差不得分		
6		$36.11_{-0.021}^{0}$	5	超差不得分		
7	直径	$\phi24.23$	5	超差不得分		
8		锐角倒钝	5	未处理不得分		
9	几何公差	⊥ 0.02 A	5	超差不得分		
10		∥ 0.02 A	5	超差不得分		
11	表面质量	$Ra1.6\mu m$	10	超差不得分		
12		$Ra3.2\mu m$	5	超差不得分		
13		去除毛刺飞边	5	未处理不得分		
14	时间	零件按时完成	10	未按时完成不得分		
15	现场操作规范	安全操作	10	按违反操作规程程度扣分		
16		工具和量具使用	5	工具和量具使用错误,每项扣2分		
17		设备维护保养	5	违反维护保养规程,每项扣2分		
	合计(总分)		100	机床编号	总得分	
	开始时间		结束时间		加工时间	

六、任务评价与鉴定

1. 评价（90%）

对任务实施过程进行评价，并将结果填入综合评价表，见表2-8。

表 2-8　综合评价表

项目	工艺编制及编程（10%）	机床操作能力（10%）	零件质量（40%）	职业素养（30%）	成绩合计
个人评价					
小组评价					
教师评价					
平均成绩					

2. 鉴定（10%）

学生结合自身收获，指导教师根据任务实施情况，填写实训鉴定表，见表 2-9。

表 2-9　实训鉴定表

自我鉴定	
	学生签名：_____ _____年___月___日
指导教师鉴定	
	指导教师签名：_____ _____年___月___日

七、任务拓展训练

根据本任务相关内容，加工如图 2-7 所示型芯零件。

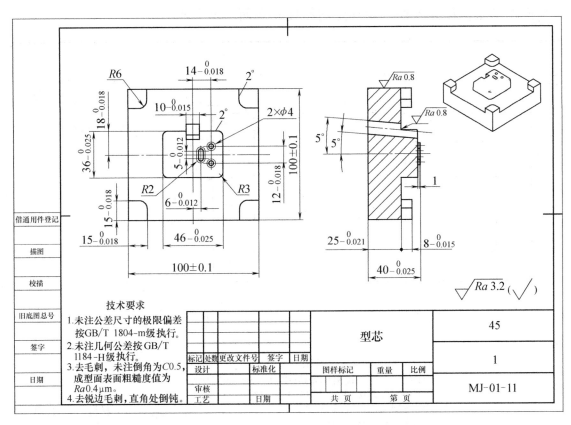

图 2-7　型芯零件

任务二　型腔成型零件加工

【任务目标】

知识目标	1. 熟练掌握型腔类零件加工工艺安排及编程。 2. 熟练掌握加工工艺中刀具选择、加工余量等参数设置的方法。
技能目标	1. 学会设置合适的参数,使用二维偏移粗加工等功能完成型腔类零件的粗加工。 2. 学会设置合适的参数,使用等高线切削、三维偏移等功能完成型腔类零件的精加工。 3. 了解型芯零腔在模具中的作用,学会加工型腔的关键配合尺寸。
素养目标	1. 养成安全文明生产和遵守操作规程的意识。 2. 具备良好的人际交往和团队协作能力。

【任务要求】

　　如图 2-8 所示的型腔,材料为 45 钢,请根据图样要求,合理制定加工工艺,安全操作机床，保证零件达到规定的精度和表面质量要求。

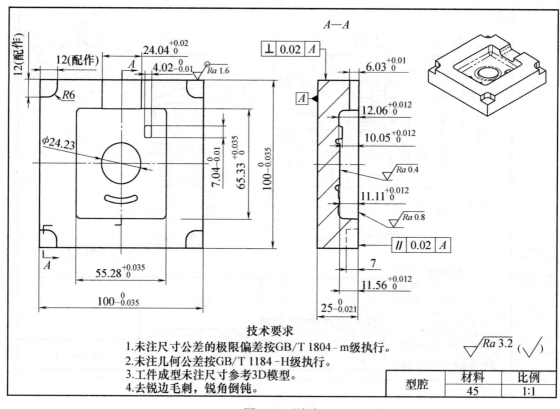

图 2-8　型腔

技术要求
1.未注尺寸公差的极限偏差按GB/T 1804 - m级执行。
2.未注几何公差按GB/T 1184 - H级执行。
3.工件成型未注尺寸参考3D模型。
4.去锐边毛刺，锐角倒钝。

型腔	材料	比例
	45	1:1

【任务准备】

完成本任务需要准备的实训物品的清单见表 2-10。

表 2-10　实训物品的清单

序号	实训资源	种类	数量	备注
1	机床	AVL850 型数控铣床	6 台	或者其他数控铣床
2	参考资料	《数控铣床编程手册》《数控铣床操作手册》《数控铣床连接调试手册》	3 本	
3	刀具	D12R0	6 把	
		D6R0.5	6 把	
		D4R0	6 把	
		D2R1	6 把	
4	量具	测量范围为 0~150mm 的游标卡尺	6 把	
		分中棒	6 个	

（续）

序号	实训资源	种类	数量	备注
5	辅具	平口钳	6 把	
		铜棒	6 根	
		垫铁	6 盒	
6	材料	45 钢	6 块	
7	工具车	铣削工具车	6 辆	

【相关知识】

一、型腔成型零件结构设计

凹模用于成型制件外表面，通常安装在模具的定模部分。根据制件的成型需要和制造工艺要求，凹模可分为整体式和组合式两类。

1. 整体式凹模

整体式凹模是在整块模板上直接加工而成的，具有结构简单、强度好的优点。当凹模形状较为复杂时，若采用整体式结构，将给模板的机械加工和热处理工序带来困难，所以该结构多用于形状相对简单的中、小型模具。近年来，随着数控加工技术及电加工技术的发展与逐渐普及，整体式凹模的应用范围越来越广。

2. 组合式凹模

组合式凹模由两个或两个以上零部件组合而成，主要用于成型形状较为复杂的制件。组合式凹模具有加工性能好、节约材料、热处理变形小、便于维修等优点；但缺点是制件表面存在拼块的拼接痕迹，对拼块的尺寸、几何公差要求较高，装配、调整较为麻烦。根据组合形式的不同，组合式凹模可分为整体嵌入式、局部嵌入式、底部嵌入式、侧壁拼合式等形式。

（1）整体嵌入式组合式凹模　当形状相对简单、尺寸较小的制件采用一模多腔的结构成型时，其凹模多采用整体嵌入式结构。整体嵌入式组合式凹模的形状、尺寸一致性好，加工、维修、更换方便，如图 2-9 所示。

在如图 2-9a 所示结构中，型腔为对称结构，凹模采用台肩形式从背部嵌入模板，再用螺钉将模板与定模座板紧固；在如图 2-9b ~ e 所示结构中，型腔具有方向性。若采用圆形凹模，则需设置止转装置。其中，图 2-9b 所示结构采用销钉止转，图 2-9c 所示结构采用键止转。在如图 2-9d 所示结构中，模板无台肩，上有通孔，凹模用螺钉直接固定在定模座板上；在如图 2-9e 所示结构中，凹模由螺钉直接固定在模板的不通孔内。

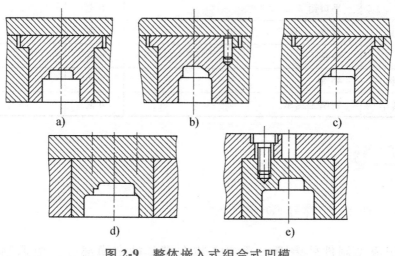

图 2-9　整体嵌入式组合式凹模

（2）局部嵌入式组合式凹模　在凹模内部，当某些部位特别容易磨损或难以加工时，可将其制作成镶件并嵌入模体，这种结构称为局部嵌入式组合式凹模，如图 2-10 所示。在如图 2-10a 所示结构中，凹模中部的异形孔可采用电火花线切割机床直接加工出来，然后将预先加工好的 6 个小型芯装入凹模体；图 2-10b 所示结构是利用局部镶嵌结构完成凹模底部加工的实例。

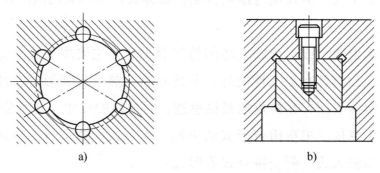

图 2-10　局部嵌入式组合式凹模

（3）底部嵌入式组合式凹模　当凹模型腔的底部较为复杂或型腔较深时，可将凹模制作成通孔，再将底部镶住，底部嵌入式组合式凹模如图 2-11 所示。

图 2-11a 所示结构加工简单，但要求接合面平整、无飞边，否则可能造成制件底部溢料；图 2-11b 所示结构制造麻烦，底部镶件靠螺钉与凹模紧固；图 2-11c 所示结构虽然加工较为麻烦，但可利用定模板作为垫板，省去了紧固螺钉。

（4）侧壁拼合式组合式凹模　当成型大型或侧壁带有凸凹结构的制件时，为

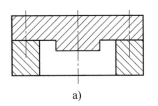 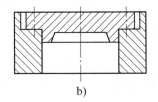 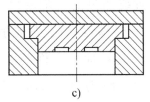

a)　　　　　　　　　b)　　　　　　　　　c)

图 2-11　底部嵌入式组合式凹模

便于加工，可将凹模侧壁制作成拼合式结构。常见的侧壁拼合式组合式凹模可分为两面拼合式和四面拼合式等种类，如图 2-12 所示。其中，图 2-12a 所示为两面拼合式凹模，图 2-12b 所示为四面拼合式凹模。

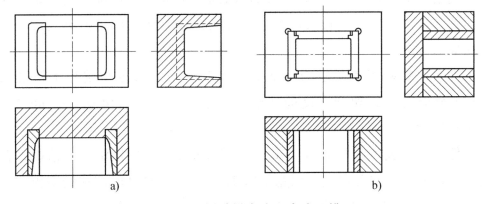

a)　　　　　　　　　　　　　　　　b)

图 2-12　侧壁拼合式组合式凹模

二、切削用量的确定

1. 切割用量的选用原则

合理的切削用量能充分利用刀具的切削性能和机床性能，在保证加工质量的前提下，获得高生产率和低加工成本。不同的加工过程，对切削加工的要求是不一样的。因此，在选择切削用量时，考虑的侧重点也有所区别。

粗加工时，应尽量保证较高的金属切除率和必要的刀具寿命。因此，选择切削用量时应首先选取尽可能大的背吃刀量；然后，根据机床动力和刚性的限制要求，选取尽可能大的进给量；最后根据刀具寿命要求，确定合适的切削速度。

精加工时应首先根据粗加工的余量确定背吃刀量；然后，根据已加工表面的表面粗糙度要求，选取合适的进给量；最后，在保证刀具寿命的前提下，尽可能选取较高的切削速度。

2. 铣削用量确定

（1）背吃刀量（端铣）或侧吃刀量（圆周铣）的确定　背吃刀量 a_p 为平行

于铣刀轴线测量的切削层尺寸，单位为 mm。端铣时，a_p 为切削层深度，a_e 为被加工表面宽度；而圆柱铣削时，a_p 为被加工表面的宽度，a_e 为切削层的深度，立铣刀的背吃刀量与侧吃刀量如图 2-13 所示，侧吃刀量 a_e 为垂直于铣刀轴线测量的切削层尺寸，单位为 mm。背吃刀量或侧吃刀量的选取主要由加工余量和表面质量决定。

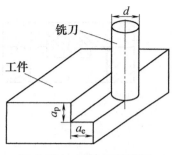

图 2-13 立铣刀的背吃刀量与侧吃刀量

在工件表面粗糙度值要求为 $Ra12.5 \sim 25\mu m$ 时，如果圆柱铣削的加工余量小于 5mm，端铣的加工余量小于 6mm，则粗铣一次进给就可以达到要求。但在余量较大、工艺系统刚性较差或机床动力不足时，可分多次进给完成。

在工件表面粗糙度值要求为 $Ra3.2 \sim 12.5\mu m$ 时。可分粗铣和半精铣两步进行。粗铣时背吃刀量或切削宽度的选取参考前文。粗铣后留 0.5~1mm 的余量，在半精铣时切除。

在工件表面粗糙度值要求为 $Ra0.8 \sim 3.2\mu m$ 时，可分粗铣、半精铣、精铣三步进行。半精铣时背吃刀量或切削宽度取 1.5~2mm，精铣时圆柱铣削侧吃刀量取 0.3~0.5mm，面铣刀背吃刀量取 0.5~1mm。

（2）进给量与进给速度的确定　进给量 f 指刀具转动一周，工件与刀具沿进给运动方向的相对位移量，单位为 mm/r。进给速度 v_f 指单位时间内工件与铣刀沿进给方向的相对位移，单位为 mm/min。进给速度与铣刀转速 n、铣刀齿数 z 及每齿进给量 f_z 的关系为

$$v_f = f_z z n$$

每齿进给量 f_z 的选取主要取决于工件材料的力学性能、刀具材料、工件表面粗糙度等因素。工件材料的强度和硬度越高，f_z 越小，反之则越大。硬质合金铣刀的每齿进给量高于同类高速钢铣刀。工件表面粗糙度要求越高，f 就越小。攻螺纹时，进给速度的选择取决于螺孔的螺距 P，由于使用了有浮动功能的攻螺纹夹头，一般攻螺纹时，进给速度小于计算数值。针对不同材料的高速钢铣刀和硬质合金铣刀，表 2-11 列出了进给量的推荐值，可参考它进行数控铣削加工时刀具进给量的选取。

3. 切削速度的确定

切削速度 v_c 可根据已经选定的背吃刀量、进给量及刀具寿命进行选取。实际加工过程中，也可根据生产实践经验和查表的方法来选取。

表 2-11　进给量推荐值

工件材料	硬度　HBW	进给量/(mm/r)			
		高速钢铣刀		硬质合金铣刀	
		立铣刀	面铣刀	立铣刀	面铣刀
低碳钢	150~200	0.03~0.18	0.15~0.3	0.06~0.22	0.2~0.35
中、高碳钢	225~325	0.03~0.15	0.1~0.2	0.05~0.2	0.12~0.25
灰铸铁	180~220	0.05~0.15	0.15~0.3	0.1~0.2	0.2~0.4
可锻铸铁	200~240	0.05~0.15	0.15~0.3	0.08~0.15	0.15~0.3
合金钢	280~320	0.03~0.12	0.07~0.12	0.05~0.12	0.08~0.2
工具钢	323~432			0.04~0.10	0.10~0.20
铝镁合金	95~100	0.05~0.12	0.2~0.3	0.08~0.3	0.15~0.38

切削速度 v_c（单位为 m/min）确定后，可根据刀具或工件直径 D（单位为 mm）和公式 $n = 1000v_c/\pi D$ 来确定主轴转速 n（单位为 r/min）。

在选择切削速度时，还应考虑以下几点：

1）应尽量避开积屑瘤产生的区域。

2）断续切削时，为减小冲击和热应力，要适当减小切削速度。

3）在易发生振动的情况下，切削速度应避开自激振动的临界速度。

4）加工大件、细长件和薄壁件时，应选用较小的切削速度。

5）加工带外皮的工件时，应适当减小切削速度。

基于上面的因素，实际中可以依据表 2-12 列出的数控铣削速度的推荐值进行选取。切削用量一般根据经验和查表的方式进行选取，表 2-13 列出了常用刀具材料的切削用量参考值。

表 2-12　数控铣削速度的推荐值

工件材料	硬度　HBW	铣削速度/(m/min)	
		高速钢铣刀	硬质合金铣刀
低、中碳钢	255~290	15~36	54~115
高碳钢	325~375	8~12	36~48
合金钢	225~325	10~24	37~80
工具钢	200~250	12~23	45~83
灰铸铁	230~290	9~18	45~90
可锻铸铁	200~240	15~24	72~110
中碳铸钢	160~200	15~21	60~90

（续）

工件材料	硬度　　HBW	铣削速度/（m/min）	
		高速钢铣刀	硬质合金铣刀
铝合金		180～300	360～600
铜合金		45～100	120～190
镁合金		180～270	150～600

表 2-13　常用刀具材料的切削用量参考值

刀具名称	刀具材料	切削速度/（m/min）	进给量/（mm/r）	背吃刀量/mm
中心钻	高速钢	20～40	0.05～0.10	0.5D
标准麻花钻	高速钢	20～40	0.15～0.25	0.5D
	硬质合金	40～60	0.05～0.20	0.5D
扩孔钻	硬质合金	45～90	0.05～0.40	≤2.5D
机用铰刀	硬质合金	6～12	0.30～1.00	0.10～0.30
机用丝锥	硬质合金	6～12	P	0.5P
粗镗刀	硬质合金	80～250	0.10～0.50	0.50～2.00
精镗刀	硬质合金	80～250	0.05～0.30	0.30～1.00
立铣刀或键槽铣刀	高速钢	80～250	010～0.40	1.50～3.00
	硬质合金	20～40	0.10～0.40	≤0.8D
盘铣刀	硬质合金	80～250	0.50～1.00	1.50～3.00
球头铣刀	硬质合金	80～250	0.20～0.60	0.50～1.00
	高速钢	20～40	0.10～0.40	0.50～1.00

注：表中 D 表示刀具直径，P 表示螺纹螺距。

【任务实施】

本任务的实施流程见表 2-14。

表 2-14　任务实施流程

序号	任务流程	学时分配
1	相关知识学习	1 学时
2	图样分析	2 学时
3	制定加工工艺	
4	程序编制	1 学时

（续）

序号	任务流程	学时分配
5	加工零件	3 学时
6	检测零件	1 学时
7	任务评价与鉴定	1 学时
8	任务拓展训练	

一、图样分析

1. 形状分析

该零件为型腔零件，是塑件外观的成型表面，加工时应注意表面刀路流畅合理，便于后期进行表面抛光等操作。

2. 尺寸分析

型腔零件的长、宽、深度决定了塑件的外观尺寸，加工时应注意及时对其进行测量检验。塑件的孔位，在型腔上表现为凸台，加工时应注意测量凸台顶面与分型面之间的尺寸。

型腔零件上部的凹槽与滑块的滑动面相配合，为间隙配合，加工时应注意测量相应的配合尺寸。

3. 其他分析

该零件分型面表面粗糙度值要求为 $Ra0.8\mu m$，成型面表面粗糙度值要求为 $Ra0.4\mu m$，其余表面粗糙度值要求为 $Ra3.2\mu m$，未注尺寸公差按标准公差等级 IT12 执行，零件加工完成后需去除加工过程中产生的毛刺和飞边。

二、制定加工工艺

1. 选择刀具及切削用量

通过对零件的加工工艺分析，选择加工刀具，并编制刀具卡片，见表 2-15。

表 2-15　刀具卡片（参考）

工步	刀具号	直径/mm	圆角半径/mm	切削用量		
				主轴转速/(r/min)	进给量/(mm/r)	背吃刀量/mm
1	T01	12	0	2800	1500	1
2	T02	6	0.5	5000	1000	1

（续）

工步	刀具号	直径/mm	圆角半径/mm	切削用量		
				主轴转速/(r/min)	进给量/(mm/r)	背吃刀量/mm
3	T03	4	0	5000	500	0.2
4	T04	2	1	6000	500	0.1
5	T04	2	1	6000	500	0.1
6	T04	2	1	6000	500	0.1

2. 填写工艺卡片

根据加工工艺和选用刀具的情况，填写工艺卡片，见表2-16。

表 2-16　工艺卡片（可学员填写）

		产品名称	零件名称		材料	
		应急按钮盒盖	型腔镶块		45 钢	
工序	装夹次数	工作场地	使用设备		夹具名称	
1	一次装夹	实训车间	数控铣床		平口钳	
工步	工步内容	切削用量			刀具	
		主轴转速/(r/min)	进给量/(mm/min)	背吃刀量/mm	编号	类型
1	二维偏移粗加工	2800	1500	1	T01	立铣刀
2	二维偏移精加工型腔	5000	1000	1	T02	牛鼻铣刀
3	等高线切削加工型芯侧壁	5000	500	0.2	T03	立铣刀
4	等高线切削加工矩形	6000	500	0.1	T04	球头铣刀
5	三维偏移精加工凸圆弧	6000	500	0.1	T04	球头铣刀
6	三维偏移精加工凹圆弧	6000	500	0.1	T04	球头铣刀
编制		审核		批准		日期

三、程序编制

零件各项加工内容的程序编制见表2-17。

表 2-17　程序编制

序号	加工内容	图示	程序编制
1	二维偏移粗加工	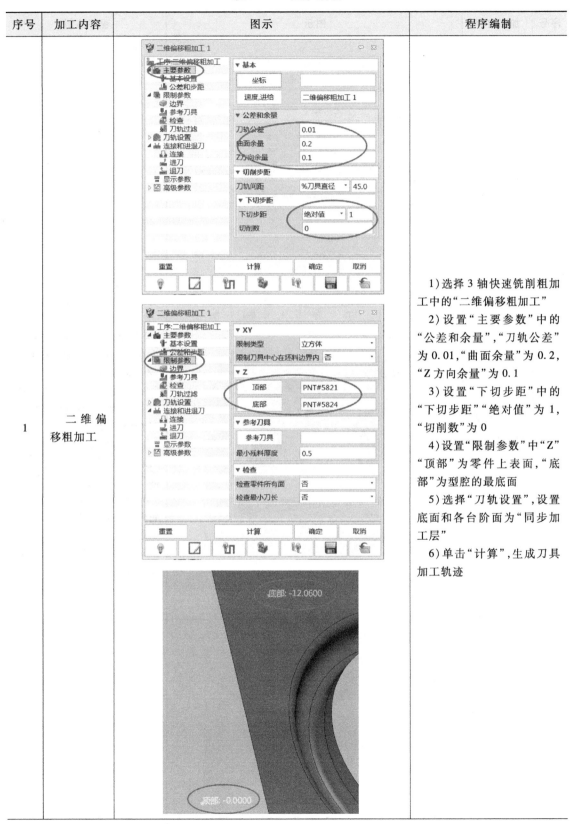	1）选择 3 轴快速铣削粗加工中的"二维偏移粗加工" 2）设置"主要参数"中的"公差和余量","刀轨公差"为 0.01,"曲面余量"为 0.2,"Z 方向余量"为 0.1 3）设置"下切步距"中的"下切步距""绝对值"为 1,"切削数"为 0 4）设置"限制参数"中"Z""顶部"为零件上表面,"底部"为型腔的最底面 5）选择"刀轨设置",设置底面和各台阶面为"同步加工层" 6）单击"计算",生成刀具加工轨迹

（续）

序号	加工内容	图示	程序编制
1	二维偏移粗加工	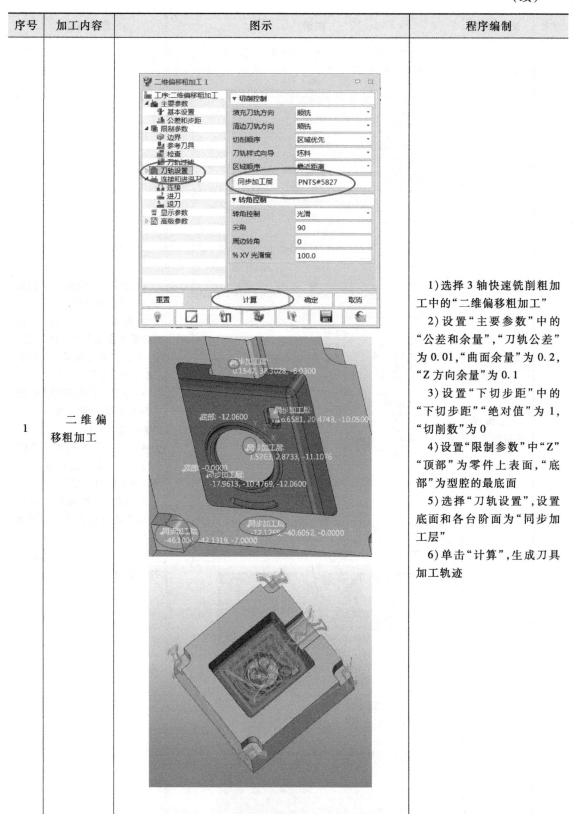	1）选择 3 轴快速铣削粗加工中的"二维偏移粗加工" 2）设置"主要参数"中的"公差和余量"，"刀轨公差"为 0.01，"曲面余量"为 0.2，"Z 方向余量"为 0.1 3）设置"下切步距"中的"下切步距""绝对值"为 1，"切削数"为 0 4）设置"限制参数"中"Z""顶部"为零件上表面，"底部"为型腔的最底面 5）选择"刀轨设置"，设置底面和各台阶面为"同步加工层" 6）单击"计算"，生成刀具加工轨迹

（续）

序号	加工内容	图示	程序编制
2	二维偏移精加工型腔	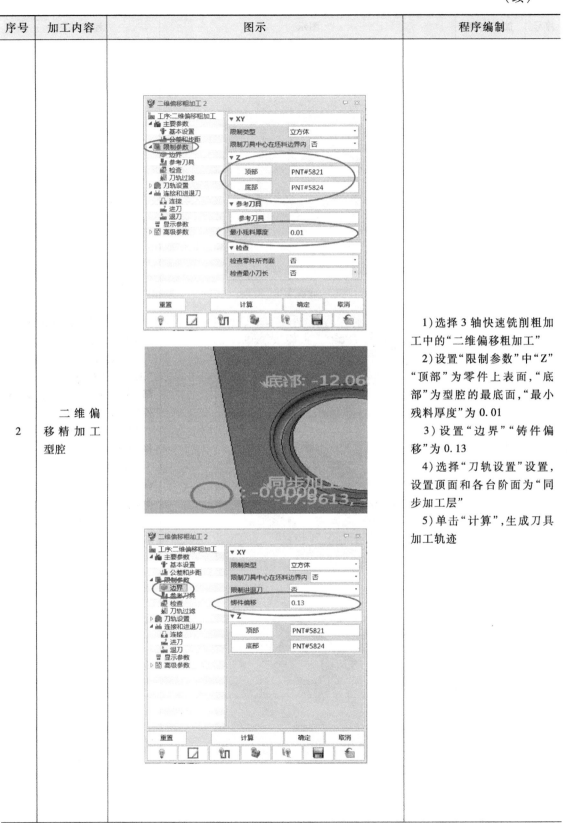	1）选择3轴快速铣削粗加工中的"二维偏移粗加工" 2）设置"限制参数"中"Z""顶部"为零件上表面，"底部"为型腔的最底面，"最小残料厚度"为0.01 3）设置"边界""铸件偏移"为0.13 4）选择"刀轨设置"设置，设置顶面和各台阶面为"同步加工层" 5）单击"计算"，生成刀具加工轨迹

（续）

序号	加工内容	图示	程序编制
2	二维偏移精加工型腔	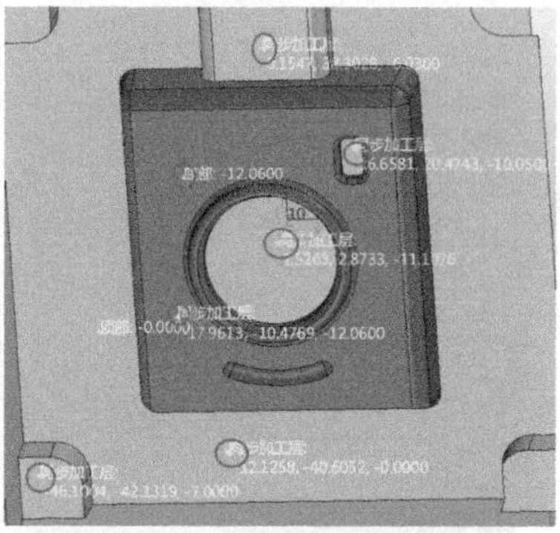 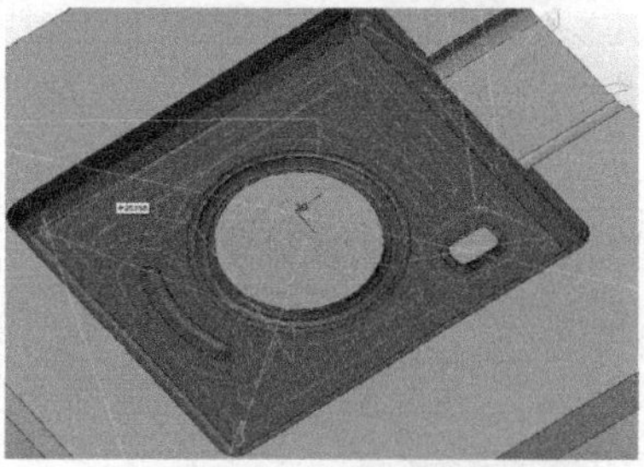  	1）选择3轴快速铣削粗加工中的"二维偏移粗加工" 2）设置"限制参数"中"Z""顶部"为零件上表面，"底部"为型腔的最底面，"最小残料厚度"为0.01 3）设置"边界""铸件偏移"为0.13 4）选择"刀轨设置"设置，设置顶面和各台阶面为"同步加工层" 5）单击"计算"，生成刀具加工轨迹

（续）

序号	加工内容	图示	程序编制
3	等高线切削加工型芯侧壁	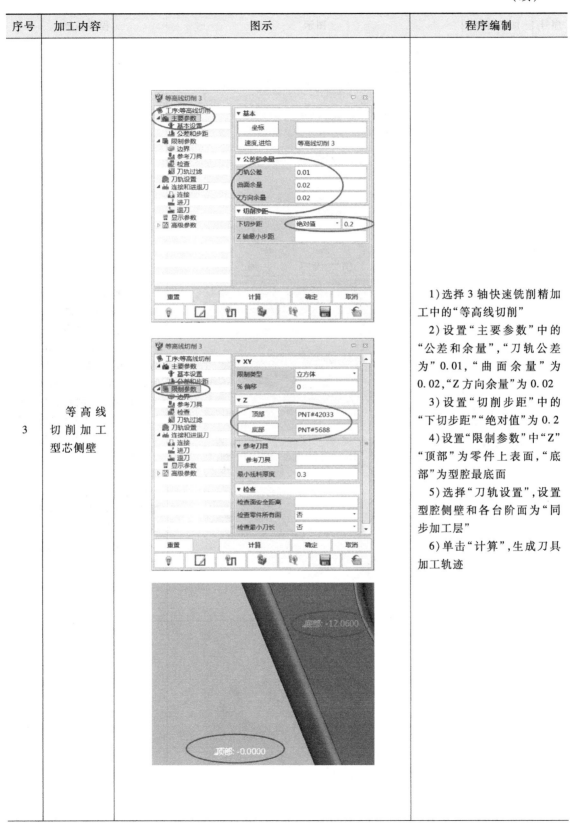	1）选择 3 轴快速铣削精加工中的"等高线切削" 2）设置"主要参数"中的"公差和余量"，"刀轨公差为" 0.01，"曲面余量"为 0.02，"Z 方向余量"为 0.02 3）设置"切削步距"中的"下切步距""绝对值"为 0.2 4）设置"限制参数"中"Z""顶部"为零件上表面，"底部"为型腔最底面 5）选择"刀轨设置"，设置型腔侧壁和各台阶面为"同步加工层" 6）单击"计算"，生成刀具加工轨迹

（续）

序号	加工内容	图示	程序编制
3	等高线切削加工型芯侧壁	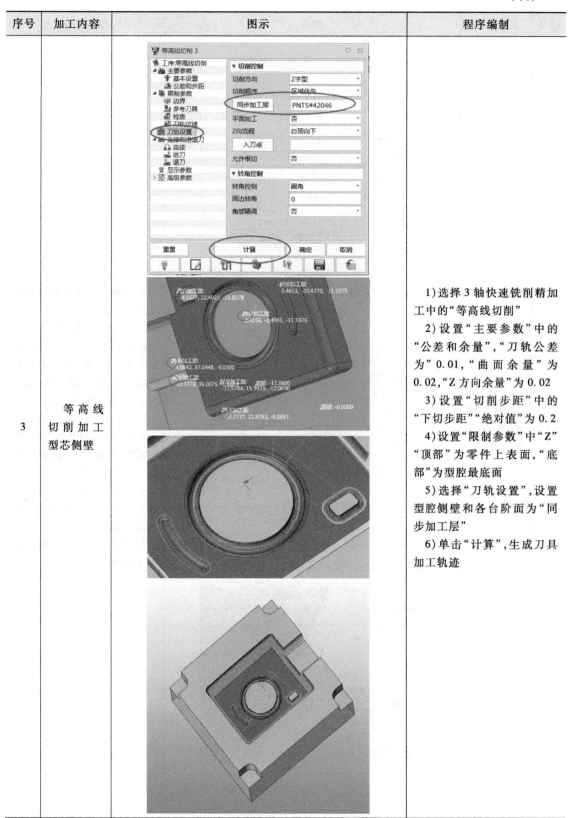	1）选择3轴快速铣削精加工中的"等高线切削" 2）设置"主要参数"中的"公差和余量"，"刀轨公差为"0.01，"曲面余量"为0.02，"Z方向余量"为0.02 3）设置"切削步距"中的"下切步距""绝对值"为0.2 4）设置"限制参数"中"Z""顶部"为零件上表面，"底部"为型腔最底面 5）选择"刀轨设置"，设置型腔侧壁和各台阶面为"同步加工层" 6）单击"计算"，生成刀具加工轨迹

（续）

序号	加工内容	图示	程序编制
4	等高线切削加工矩形	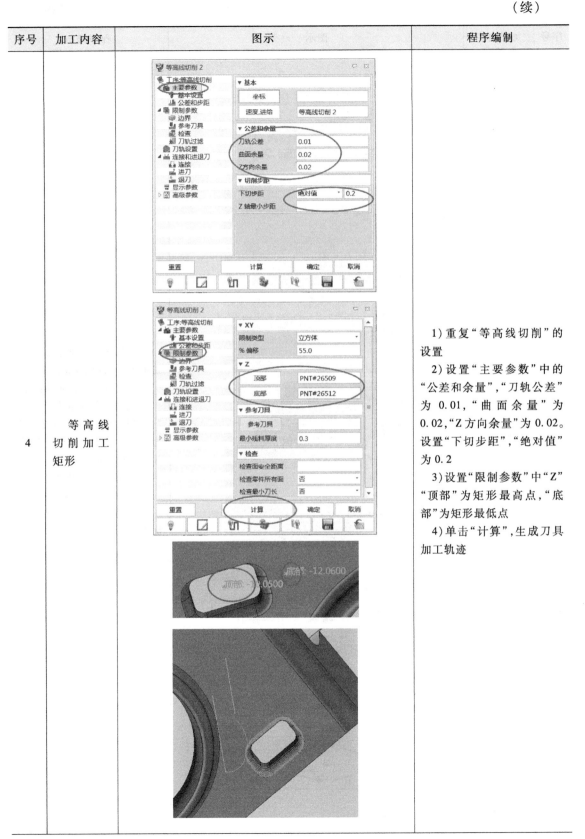	1）重复"等高线切削"的设置 2）设置"主要参数"中的"公差和余量"，"刀轨公差"为 0.01，"曲面余量"为 0.02，"Z 方向余量"为 0.02。设置"下切步距"，"绝对值"为 0.2 3）设置"限制参数"中"Z""顶部"为矩形最高点，"底部"为矩形最低点 4）单击"计算"，生成刀具加工轨迹

（续）

序号	加工内容	图示	程序编制
5	三维偏移精加工凸圆弧	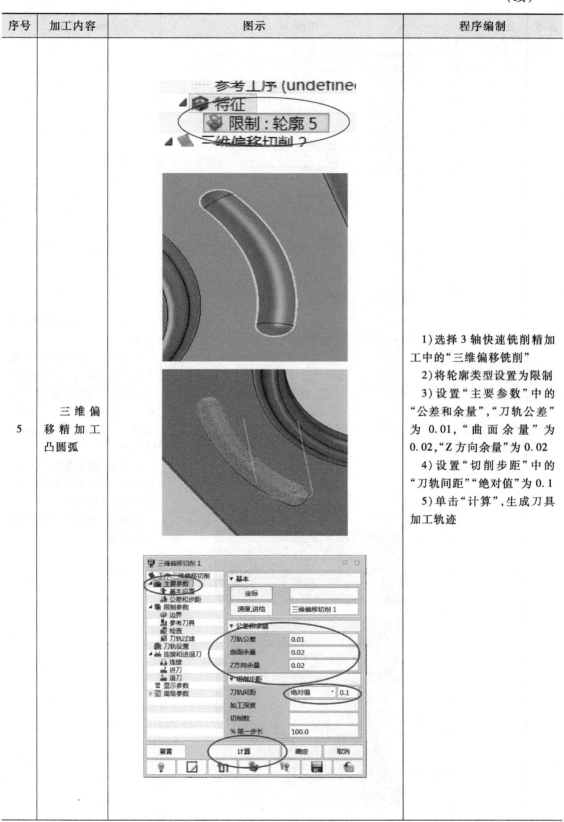	1）选择3轴快速铣削精加工中的"三维偏移铣削" 2）将轮廓类型设置为限制 3）设置"主要参数"中的"公差和余量"，"刀轨公差"为 0.01，"曲面余量"为0.02，"Z方向余量"为0.02 4）设置"切削步距"中的"刀轨间距""绝对值"为0.1 5）单击"计算"，生成刀具加工轨迹

（续）

序号	加工内容	图示	程序编制
6	三维偏移精加工凹圆弧	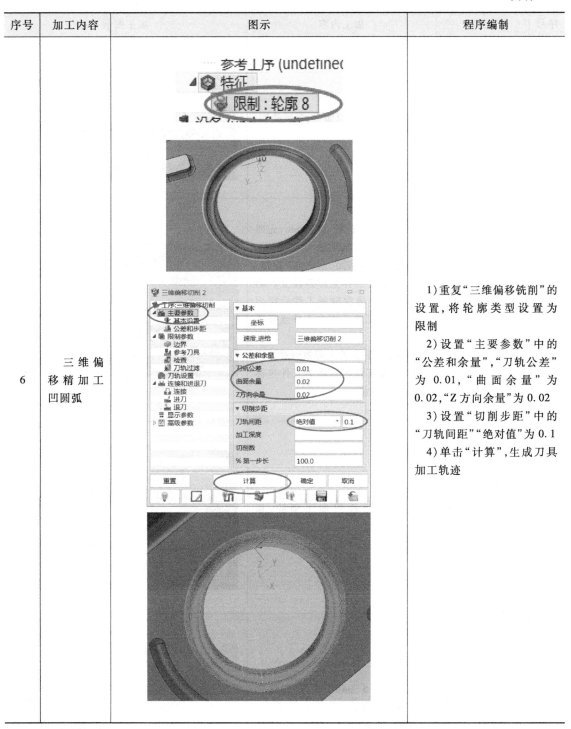	1）重复"三维偏移铣削"的设置，将轮廓类型设置为限制 2）设置"主要参数"中的"公差和余量"，"刀轨公差"为 0.01，"曲面余量"为0.02，"Z方向余量"为 0.02 3）设置"切削步距"中的"刀轨间距""绝对值"为 0.1 4）单击"计算"，生成刀具加工轨迹

四、加工零件

加工零件时，各工步加工内容见表 2-18。

表 2-18　加工零件步骤

序号	工步	加工内容	加工图示
1	装夹工件	将坯料放在平口钳上,敲紧垫铁	
2	建立工件坐标系	分中棒主轴正转 300r/min,先碰触工件左端面,机床录入 X1 位置,再碰触工件右端面,录入 X2 位置,完成 X 方向工件坐标系建立。重复以上操作依次碰触工件后端面和前端面,完成 Y 方向工件坐标系建立 Z 轴移动到工件上表面用对刀棒对刀,确定工件上表面为工件坐标系的 Z 轴零位	
3	二维偏移粗加工	用二维偏移粗加工型腔,留 0.2mm 余量	
4	二维偏移精加工型腔	用 D6R0.5、D4R0 铣刀,二维偏移粗加工型腔成型面、分型面、精定位及碰穿面底部,留 0.02mm 余量	

（续）

序号	工步	加工内容	加工图示
5	等高线切削加工型芯侧壁	用 D6R0 铣刀,等高线切削加工型腔精定位,留 0.02mm 余量	
6	等高线切削加工矩形	用 D4R2 铣刀,等高线切削精加工型腔,留 0.02mm 余量	
7	三维偏移精加工凸圆弧	用 D4R2 铣刀,等高线切削精加工型腔,留 0.02mm 余量	
8	三维偏移精加工凹圆弧	用 D4R2 铣刀,三维偏移精加工型腔凹圆弧,留 0.02mm 余量	
9	维护保养	卸下工件,清扫、维护机床,将刀具、量具擦净	

五、检测零件

小组成员分工检测零件,并将检测结果填入零件检测表,见表 2-19。

表 2-19 零件检测表

序号	检测项目	检测内容	配分	检测要求	学生自评	老师测评
1	长度	$4.02_{-0.01}^{0}$	5	超差不得分		
2		$24.04_{0}^{+0.02}$	5	超差不得分		
3		$55.28_{0}^{+0.035}$	5	超差不得分		

（续）

序号	检测项目	检测内容	配分	检测要求	学生自评	老师测评
4	宽度	$7.04_{-0.01}^{0}$	5	超差不得分		
5		$65.33_{0}^{+0.035}$	5	超差不得分		
6	高度	$6.03_{0}^{+0.01}$	5	超差不得分		
7		$10.05_{0}^{+0.012}$	5	超差不得分		
8		$12.06_{0}^{+0.012}$	5	超差不得分		
9		$25_{-0.021}^{0}$	5	超差不得分		
10	直径	$\phi24.23$	5	超差不得分		
11		锐角倒钝	2.5	未处理不得分		
12	几何公差	$\boxed{\perp\ 0.02\ A}$	2.5	超差不得分		
13		$\boxed{/\!/\ 0.02\ A}$	2.5	超差不得分		
14	表面质量	$Ra1.6\mu m$	5	超差不得分		
15		$Ra3.2\mu m$	2.5	超差不得分		
16		去除毛刺飞边	5	未处理不得分		
17	时间	零件按时完成	5	未按时完成不得分		
18	现场操作规范	安全操作	10	按违反操作规程程度扣分		
19		工具和量具使用	5	工具和量具使用错误，每项扣2分		
20		设备维护保养	5	违反维护保养规程，每项扣2分		
合计（总分）			100	机床编号	总得分	
开始时间			结束时间		加工时间	

六、工作评价与鉴定

1. 评价（90%）

对任务实施过程进行评价，并将结果填入综合评价表，见表2-20。

表2-20　综合评价表

项目	工艺编制及编程（10%）	机床操作能力（10%）	零件质量（40%）	职业素养（30%）	成绩合计
个人评价					
小组评价					

（续）

项目	工艺编制及编程 （10%）	机床操作能力 （10%）	零件质量 （40%）	职业素养 （30%）	成绩合计
教师评价					
平均成绩					

2. 鉴定（10%）

学生结合自身收获、指导教师根据任务实施情况，填写实训鉴定表，见表 2-21。

表 2-21 实训鉴定表

自我鉴定	
	学生签名：_____ _____年___月___日
指导教师鉴定	
	指导教师签名：_____ _____年___月___日

七、任务拓展训练

根据本任务相关内容，加工如图 2-14 所示型腔零件。

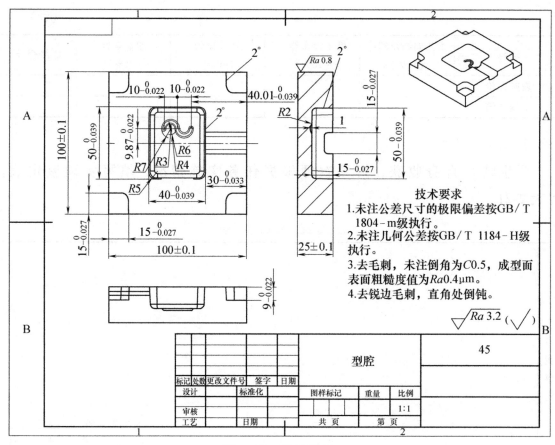

图 2-14　型腔零件

任务三　滑块零件加工

【任务目标】

知识目标	1. 了解滑块零件的结构及其在模具中的作用。 2. 熟练掌握滑块类零件加工工艺安排及编程。
技能目标	1. 学会滑块零件的多次装夹操作，能够使用轮廓切削、平行铣削等功能完成滑块类零件的加工。 2. 学会加工滑块零件的关键配合尺寸。
素养目标	1. 养成安全文明生产和遵守操作规程的意识。 2. 具备良好的人际交往和团队协作能力。

【任务要求】

如图 2-15 所示的滑块，材料为 45 钢，请根据图样要求，合理制定加工工艺，安全操作机床，保证零件达到规定的精度和表面质量要求。

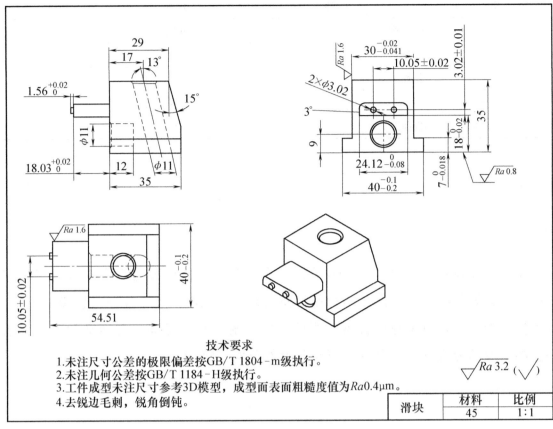

图 2-15　滑块

【任务准备】

完成本任务需要准备的实训物品的清单见表 2-22。

表 2-22　实训物品的清单

序号	实训资源	种类	数量	备注
1	机床	AVL850 型数控铣床	6 台	或者其他数控铣床
2	参考资料	《数控铣床编程手册》《数控铣床操作手册》《数控铣床连接调试手册》	3 本	
3	刀具	D12R0	6 把	
		D6R0	6 把	
		D2R1	6 把	
4	量具	测量范围为 0～150mm 的游标卡尺	6 把	
		分中棒	6 个	

（续）

序号	实训资源	种类	数量	备注
5	辅具	平口钳	6把	
		铜棒	6根	
		垫铁	6盒	
6	材料	45钢	6块	
7	工具车	铣削工具车	6辆	

【相关知识】

一、滑块的作用

滑块是在模具的开模动作中能够按垂直于开合模方向或与开合模方向成一定角度滑动的模具组件。当产品结构使得模具在不采用滑块就不能正常脱模情况下，就得使用滑块。材料本身应具备适当的硬度、耐磨性，足够承受运动的摩擦。滑块上的型腔部分或型芯部分硬度要与其他部分同一级别。

二、侧面分型抽芯机构的设计

1. 侧面分型抽芯机构的类型与组成

（1）侧面分型抽芯机构的类型　常用的侧面分型抽芯机构包括手动抽芯机构、机动抽芯机构及液压或气动抽芯机构。

1）手动抽芯机构。在开模前或制件脱模后，依靠人工抽出侧型芯的机构称为手动抽芯机构，如图 2-16 所示。手动抽芯机构结构简单、制造方便，常用于定模抽芯或抽芯离分型面较远的中、小型模具。由于手动抽芯机构在成型过程中具有劳动强度大、生产率低等缺点，所以多用于小批量生产或试生产等场合。有时，为了降低模具成本或因制件形状的限制而无法采用其他抽芯机构时，也可采用手动抽芯机构。

对于不利于设置其他抽芯机构、投资较低或制件需求量较小的模具，可采用活动镶件模外抽芯机构，如图 2-17 所示。该机构具有结构简单、成本低等优点，其缺点是需要准备一定数量的活动镶块用于轮换，且工人劳动强度较大。

2）机动抽芯机构。机动抽芯机构指利用注射机的开模力和模具动模部分与定模部分之间的相对运动实现侧向分型与抽芯的机构。机动抽芯机构的优点是抽芯力大，操作简便，生产率高，因此应用广泛。常用的机动抽芯机构可分为斜导柱抽芯机构、弯销抽芯机构、斜滑块抽芯机构和齿轮齿条抽芯机构等。图 2-18 所示为斜导柱抽芯机构。

3）液压或气动抽芯机构。以液压系统或气动系统作为抽芯动力，在模具上设置专用液压缸或气缸，通过活塞的往复运动实现抽芯与复位的机构称为液压或气动抽芯机构，如图 2-19 所示。液压或气动抽芯机构传动平稳，抽芯距离长，抽芯力大，常用于大中型模具或抽芯角度较为特殊的场合。其缺点是增加了操作程序，需要设计专门的液压或气动管路。

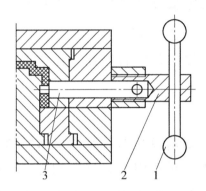

图 2-16　手动抽芯机构

1—手柄　2—转动杆　3—型芯

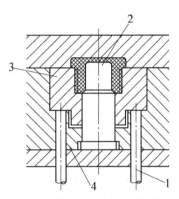

图 2-17　活动镶件模外抽芯机构

1—推杆　2—型芯　3—活动镶块　4—型芯固定板

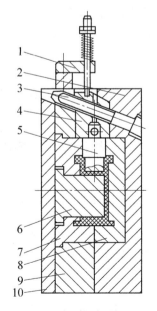

图 2-18　斜导柱抽芯机构

1—限位块　2—定模板　3—斜导柱　4—滑块　5—侧型芯　6—型芯
7—动模镶块　8—定模镶块　9—型芯固定板　10—支承板

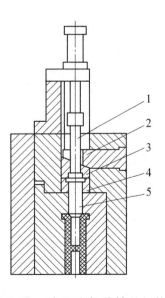

图 2-19　液压或气动抽芯机构

1—接头　2—楔紧块　3—滑块座
4—滑块体　5—侧型芯

（2）侧面分型抽芯机构的组成　无论何种侧面分型抽芯机构，大都是由成型元件、运动元件、传动元件、锁紧元件和限位元件等几部分组成的。

1）成型元件。成型元件用于成型制件的侧面凸凹结构及侧孔，包括型芯、镶块等。

2）运动元件。运动元件连接并带动型芯或镶块在模具导滑槽内运动，包括滑块、斜滑块等。

3）传动元件。传动元件的作用是带动运动元件完成抽芯动作，包括斜导柱、齿条、液压或气动抽芯机构等。

4）锁紧元件。锁紧元件的作用是在合模后锁紧运动元件，防止其在注射过程中因注射力的作用而产生位移，包括楔紧块、楔紧锥等。

5）限位元件。限位元件的作用是使运动元件在开模后停在所需位置，保证合模时传动元件工作顺利，包括限位块、限位钉等。

2. 抽芯力的确定

抽芯时，需克服制件凝固收缩对活动型芯的包紧力和抽芯机构运动时所受的各种阻力。在抽芯开始的一瞬间，需克服包紧力和运动阻力；继续抽芯时，由于存在脱模斜度，只需克服抽芯机构及侧型芯运动时的阻力即可。由于该阻力比包紧力小得多，所以在计算抽芯力时可忽略不计。

（1）影响抽芯力的主要因素　影响抽芯力的主要因素如下：

1）制件成型部分的表面积越大，所需要的抽芯力越大；模具侧型芯断面的几何形状越复杂，所需抽芯力越大。

2）当制件成型部分的壁厚较厚时，塑料冷却时收缩率大，则包紧力大，所需的抽芯力也大。

3）当制件侧面存在较多孔穴且分布在同一抽芯机构上时，对侧型芯的包紧力大，需要的抽芯力也大。

4）活动型芯表面粗糙度值小、加工纹路与抽芯方向相同时，所需抽芯力小。

5）活动型芯的脱模斜度越大，抽芯力越小，成型表面的擦伤也越小。

6）材料化学成分不同，收缩率也不相同。收缩率大的材料需要的抽芯力较大。

7）在注射过程中，保压时间长的制件包紧力大，所需的抽芯力也大。

8）在模具中喷洒脱模剂可减小制件对型芯的黏附力，从而减小抽芯力。

9）注射压力高的制件对型芯的包紧力大，所需的抽芯力也大。

10）当侧面分型抽芯机构运动部分的间隙较小时，需要较大的抽芯力；若该处的间隙太大，则容易产生溢料现象，导致抽芯力进一步增大。

（2）抽芯力的估算　影响抽芯力的因素很多，精确计算抽芯力是十分困难的。型芯在抽芯时的受力情况如图 2-20 所示。

开模时，制件与型芯间摩擦力 f 的计算公式为

$$f=\mu(F_b-F_c\sin\alpha)$$

式中　f——摩擦力，单位为 N；

　　　μ——摩擦因数，一般取 0.15~1.0；

　　　F_b——因制件收缩产生的对侧型芯的正压力，单位为 N；

　　　F_c——因制件冷却收缩产生对侧型芯的包紧力而造成的抽芯阻力，单位为 N；

　　　α——型芯成型部分的脱模斜度，一般取 1°~2°。

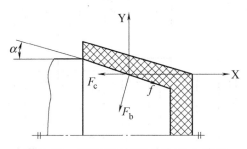

图 2-20　型芯在抽芯时的受力情况

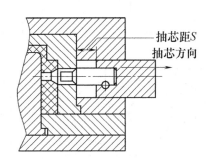

图 2-21　型芯的抽芯距

抽芯距 S（图 2-21）的计算公式为

$$S=h+(2~3)$$

式中　S——抽芯距，单位为 mm；

　　　h——制件侧孔深度或侧台高度，单位为 mm。

如图 2-22a 所示，当制件的外形为圆形、需要采用二等分滑块抽芯时，抽芯距的计算公式为

$$S=S_1+(2~3)=\sqrt{R^2-r^2}+(2~3)$$

式中　S——抽芯距，单位为 mm；

　　　S_1——圆形制件中间最小半径处到最大半径处的抽芯距，单位为 mm；

　　　R——制件外形最大圆角半径，单位为 mm；

　　　r——阻碍推出制件外形的最小圆角半径，单位为 mm。

在如图 2-22b 所示结构中，只要从制件中抽出型芯上的凸台即可顺利脱模。抽芯距的计算公式为

$$S = h + (2 \sim 3)$$

式中　S——抽芯距，单位为 mm；

　　　h——侧型芯成型部分的凸台高度，单位为 mm。

在如图 2-22c 所示结构中，只抽出 h 长度是不够的。此时，H 长度部分仍与制件干涉。该结构抽芯距的计算公式为

$$S = H + h + (2 \sim 3)$$

式中　S——抽芯距，单位为 mm；

　　　H——侧型芯的成型尺寸，单位为 mm；

　　　h——侧型芯成型部分的凸台高度，单位为 mm。

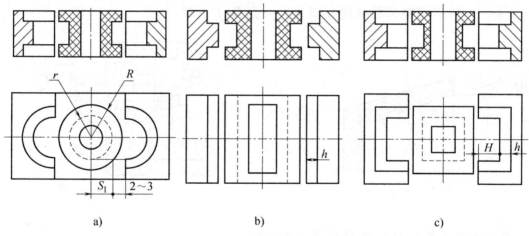

图 2-22　滑块抽芯距的计算

3. 斜导柱抽芯机构

（1）斜导柱抽芯机构的组成与工作原理　斜导柱抽芯机构主要由斜导柱、滑块、侧型芯、楔紧块及限位块等组成，是侧抽芯机构中应用最为广泛的一种，如图 2-23 所示。

斜导柱抽芯机构的工作原理如下：

开模时，滑块在开模力的作用下，通过斜导柱在动模板的导滑槽内向上移动。当斜导柱完全脱离滑块的斜孔后，侧型芯从制件中脱出，如图 2-24a 所示。当模具完全打开后，制件被推管推出。

在该机构中，限位块、弹簧和螺钉的作用是使滑块保持抽芯后的最终位置，以保证合模时斜导柱能够准确地进入滑块的斜孔中，使滑块顺利复位，如图 2-24b

所示。楔紧块的作用是防止滑块在注射时受到型腔压力的作用而产生位移。

（2）斜导柱的设计　斜导柱的设计过程如下：

1）斜导柱的基本形式。常用斜导柱的截面形状为圆形或矩形。其中，圆形截面斜导柱加工方便，装配容易，应用广泛，如图 2-25a 所示。为减少斜导柱与滑块内部斜孔之间的摩擦，可将斜导柱的左右两侧铣成平面，铣去后两平面间的尺寸约为直径的 80%，如图 2-25b 所示。在相同横截面积的条件下，与圆形截面相比，矩形截面具有更大的抗弯截面系数、强度、刚度，能够承受更大的弯矩，但加工与装配较为困难，适用于抽拔力较大的场合。

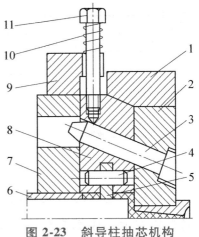

图 2-23　斜导柱抽芯机构

1—楔紧块　2—定模座板　3—斜导柱
4—销钉　5—侧型芯　6—推管
7—动模板　8—滑块　9—限位块
10—弹簧　11—螺钉

如图 2-25 所示，斜导柱的倾斜角为 α；L_1 段是定模座板内的固定部分，与定模座板安装孔的配合公差取 H7/m6；L_2 段为完成抽芯所需的工作段尺寸，用于驱动斜滑块的往复运动。滑块移动的平稳性由导滑槽与滑块间的配合精度保证。合模时，滑块的最终准确位置由楔紧块决定。为了使运动更为灵活，滑块与斜导柱的配合公差可取较松的间隙配合 H11/h11 或留有 0.5~1mm 的间隙。斜导柱头部的 L_3 段为斜导柱插入滑块斜孔时的引导部分，其锥形斜角 β 应比斜导柱的倾斜角 α 大 2°~3°，也可以直接确定为 30°。

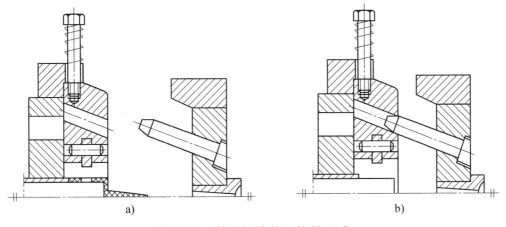

a)　　　　　　　　　　b)

图 2-24　斜导柱抽芯机构的组成

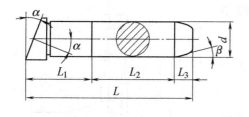

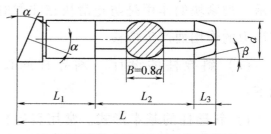

a) 圆形截面斜导柱　　　　　　　　　　b) 左右两侧铣成平面的圆形截面斜导柱

图 2-25　斜导柱的基本形式

斜导柱固定端的形式如图 2-26 所示。在如图 2-26a 所示结构中，斜导柱的配合端直径大于工作端直径；在如图 2-26b 所示结构中，斜导柱的配合端直径与工作端直径相等，滑块与定模座板的斜孔可一次加工完成；在如图 2-26c 所示结构中，固定端的台阶头部为 120°圆锥体，属于通用件。适用于斜导柱倾斜角为 10°~25°的场合；在如图 2-26d 所示结构中，斜导柱固定端的台阶部分安装了弹簧圈，适用于抽芯力较小的场合。

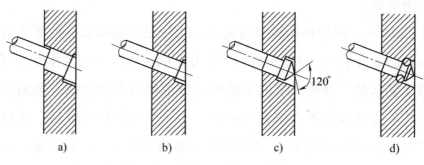

图 2-26　斜导柱固定端的形式

2）斜导柱的固定尺寸与配合精度。斜导柱固定端各部分尺寸与配合精度见表 2-23。

表 2-23　斜导柱固定端各部分尺寸与配合精度　　　（单位：mm）

图例	尺寸	配合精度
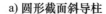	固定端配合长度 l	不小于斜导柱直径 d 的 1.5 倍
	固定端直径 D	$D=d+(4~8)$
	固定端高度 h	$h \geqslant 3$
	斜导柱与安装孔配合直径 d	配合公差 H7/s6
	斜导柱与滑块孔配合直径 d_1	配合公差 H11/h11 或留 0.5~1 的间隙

3）斜导柱倾斜角 α 的确定。斜导柱倾斜角 α 的选择与抽芯力大小、抽芯行程长短、斜导柱承受弯曲应力的大小及开模阻力有关。根据理论推导，斜导柱倾斜角 α 取 22°30′ 时最佳。在实际生产中，α 会多取 15°~20°，且一般情况 α 不超过 25°。斜导柱倾斜角的选取特点见表 2-24。

表 2-24　斜导柱倾斜角的选取特点

α	特　点
10°~15°	α 值小，开模力小、抽芯力大，抽芯时产生的开模阻力为抽芯力的 17%~26%，抽芯力作用在斜导柱上的弯曲力小，能够抽出需要抽芯力较大的型芯，多用于短型芯的场合
15°~20°	α 值适中，抽芯时产生的开模阻力为抽芯力的 30%~35%。斜导柱承受的弯曲力接近于抽芯力的 1.05 倍，抽芯所需的开模距离均为抽芯行程的 3 倍
20°~25°	α 值较大，所需开模力较大，抽芯力小，抽芯时产生的开模阻力为抽芯力的 40%~45%，抽芯力作用在斜导柱上的弯曲力为抽芯力的 1.1 倍，抽芯所需的开模距离约为抽芯行程的 2.5 倍。斜导柱受力状况较差，多用于较长型芯的抽芯

4）斜导柱长度的确定。斜导柱的长度根据抽芯距离、定模座板厚度、斜导柱直径以及倾斜角的大小确定，如图 2-27 所示。

斜导柱总长度 L 的计算公式为

$$L = L_1 + L_2 + L_3 + L_4 + L_5 = \frac{D}{2}\tan\alpha + \frac{h}{\cos\alpha} + \frac{d}{2}\tan\alpha + \frac{S}{\sin\alpha}$$

式中　L——斜导柱总长度，单位为 mm；

L_1——斜导柱台肩部分长度，单位为 mm；

L_2——斜导柱固定部分长度，单位为 mm；

L_3——斜导柱与斜导柱固定板接触点到斜导柱轴线的垂直距离，单位为 mm；

L_4——斜导柱工作部分长度，单位为 mm；

L_5——斜导柱引导部分长度，单位为 mm；

d——斜导柱工作部分的直径，单位为 mm；

D——斜导柱固定部分台肩直径，单位为 mm；

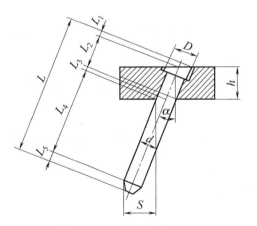

图 2-27　斜导柱的长度

　　h——斜导柱定模座板的厚度，单位为 mm；

　　α——斜导柱倾斜角，单位为（°）；

　　S——抽芯距，单位为 mm。

【任务实施】

本任务的实施流程见表 2-25。

表 2-25　任务的实施流程

序号	任务流程	学时分配
1	相关知识学习	2 学时
2	图样分析	1 学时
3	制定加工工艺	
4	程序编制	1 学时
5	加工零件	4 学时
6	检测零件	1 学时
7	任务评价与鉴定	1 学时
8	任务拓展训练	

一、图样分析

1. 形状分析

该零件为侧抽芯滑块零件，是成型塑件侧边特征的必要零件。模具在开合模过程中，滑块在压条的轨道里，在斜导柱和弹簧的作用下进行左右滑动，对塑件特征进行成型，同时塑件顶出前在斜导柱的作用下回退到模架的固定位置。

2. 尺寸分析

零件尺寸主要是滑块侧壁与压条之间的配合尺寸、滑块与型腔零件的配合尺寸、滑块上制件成型的零件尺寸以及滑块锁紧面与模架锁紧块之间的配合尺寸。滑块的配合尺寸较多，加工时要注意测量模架及型腔、型芯的配合尺寸。

3. 其他分析

该零件配合面表面粗糙度值要求为 $Ra1.6\mu m$，成型面表粗糙度值要求为 $Ra0.8\mu m$，成型部分需要留抛光余量，其余表面粗糙度值要求为 $Ra3.2\mu m$。未注尺寸公差按标准公差等级 IT12 执行，零件加工完成后需去除加工过程中产生的毛刺和飞边。

二、制定加工工艺

1. 选择刀具及切削用量

通过对零件的加工工艺分析，选择加工刀具，并编制刀具卡片，见表 2-26。

表 2-26　刀具卡片（参考）

工步	刀具号	直径/mm	圆角半径/mm	切削用量		
				主轴转速/(r/min)	进给量/(mm/r)	背吃刀量/mm
1	T01	12	0	2800	3800	1
2	T01	12	0	3600	1200	0.1
3	T02	6	0	5400	1200	0.3
4	T03	2	1	6000	800	0.1
5	T01	12	0	2800	3800	1
6	T01	12	0	3600	1200	0.1
7	T01	12	0	2800	3800	0.3

2. 填写工艺卡片

根据加工工艺和选用刀具的情况，填写工艺卡片，见表 2-27。

表 2-27　工艺卡片（可学生填写）

		产品名称	零件名称		材料	
		应急按钮盒盖	滑块		45 钢	
工序	装夹次数	工作场地	使用设备		夹具名称	
1	二次装夹	实训车间	数控铣床		平口钳	
工步	工步内容	切削用量			刀具	
		主轴转速/(r/min)	进给量/(mm/min)	背吃刀量/mm	编号	类型
1	轮廓切削第一次装夹粗加工	2800	3800	1	T01	立铣刀
2	轮廓切削第一次装夹精加工底部	3600	1200	1	T01	立铣刀
3	轮廓切削第一次装夹加工 $\phi 3mm$ 圆	5400	1200	0.3	T02	立铣刀

（续）

工步	工步内容	切削用量			刀具	
		主轴转速/ （r/min）	进给量/ （mm/min）	背吃刀量/ mm	编号	类型
4	平行铣削第一次装夹加工碰穿面	6000	800	0.1	T03	球头铣刀
5	轮廓切削第二次装夹粗加工滑动导向侧壁	2800	3800	1	T01	立铣刀
6	轮廓切削第二次装夹精加工滑动导向侧壁	3600	1200	0.1	T01	立铣刀
7	轮廓切削第二次装夹加工斜面	2800	3800	0.3	T01	立铣刀

三、程序编制

零件各项加工内容的程序编制见表2-28。

表 2-28　程序编制

序号	加工内容	图示	程序编制
1	轮廓切削第一次装夹粗加工	（轮廓切削3 设置对话框图示）	1）选择2轴铣削中的"轮廓切削" 2）设置"主要参数"中的"公差和余量"，"刀轨公差"为0.025，"侧面余量"为0.1，"底面余量"为0 3）设置"切削步距"中的"切削数"为3。设置"下切步距"中的"下切类型"为"均匀深度"，"下切步距"为1 4）设置"限制参数"中"Z""顶部"为零件上表面，"底部"为零件下表面 5）选择"刀轨设置"，"入刀点"为零件下表面 6）单击"计算"，生成刀具加工轨迹

（续）

序号	加工内容	图示	程序编制
1	轮廓切削第一次装夹粗加工	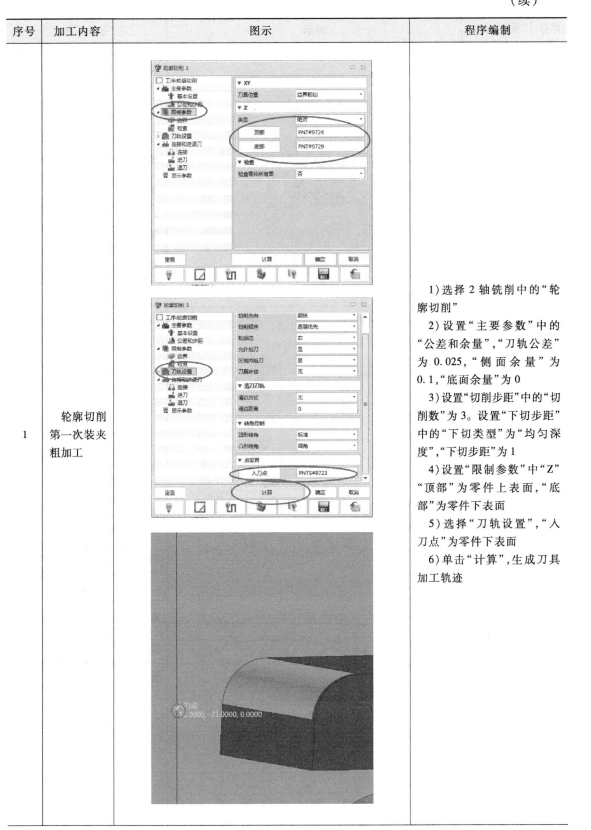	1）选择 2 轴铣削中的"轮廓切削" 2）设置"主要参数"中的"公差和余量"，"刀轨公差"为 0.025，"侧面余量"为 0.1，"底面余量"为 0 3）设置"切削步距"中的"切削数"为 3。设置"下切步距"中的"下切类型"为"均匀深度"，"下切步距"为 1 4）设置"限制参数"中"Z""顶部"为零件上表面，"底部"为零件下表面 5）选择"刀轨设置"，"入刀点"为零件下表面 6）单击"计算"，生成刀具加工轨迹

（续）

序号	加工内容	图示	程序编制
1	轮廓切削第一次装夹粗加工	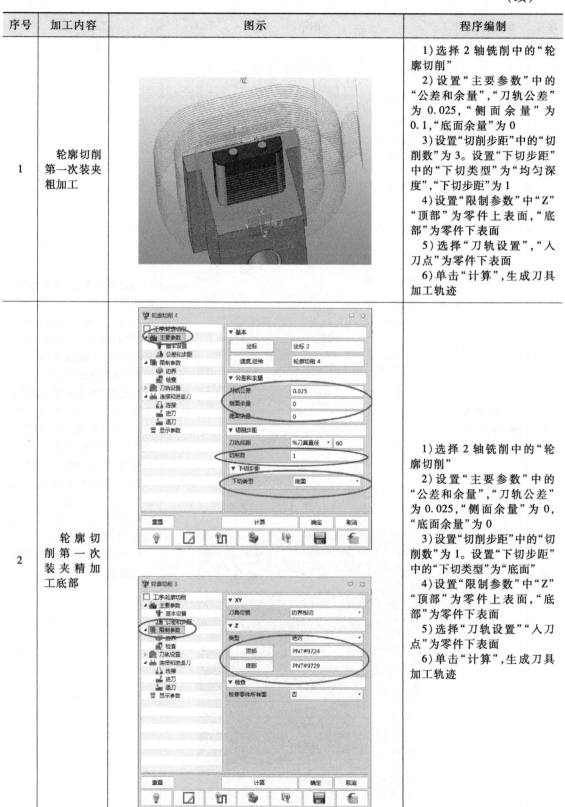	1）选择 2 轴铣削中的"轮廓切削" 2）设置"主要参数"中的"公差和余量"，"刀轨公差"为 0.025，"侧面余量"为 0.1，"底面余量"为 0 3）设置"切削步距"中的"切削数"为 3。设置"下切步距"中的"下切类型"为"均匀深度"，"下切步距"为 1 4）设置"限制参数"中"Z""顶部"为零件上表面，"底部"为零件下表面 5）选择"刀轨设置"，"入刀点"为零件下表面 6）单击"计算"，生成刀具加工轨迹
2	轮廓切削第一次装夹精加工底部		1）选择 2 轴铣削中的"轮廓切削" 2）设置"主要参数"中的"公差和余量"，"刀轨公差"为 0.025，"侧面余量"为 0，"底面余量"为 0 3）设置"切削步距"中的"切削数"为 1。设置"下切步距"中的"下切类型"为"底面" 4）设置"限制参数"中"Z""顶部"为零件上表面，"底部"为零件下表面 5）选择"刀轨设置""入刀点"为零件下表面 6）单击"计算"，生成刀具加工轨迹

（续）

序号	加工内容	图示	程序编制
2	轮廓切削第一次装夹精加工底部	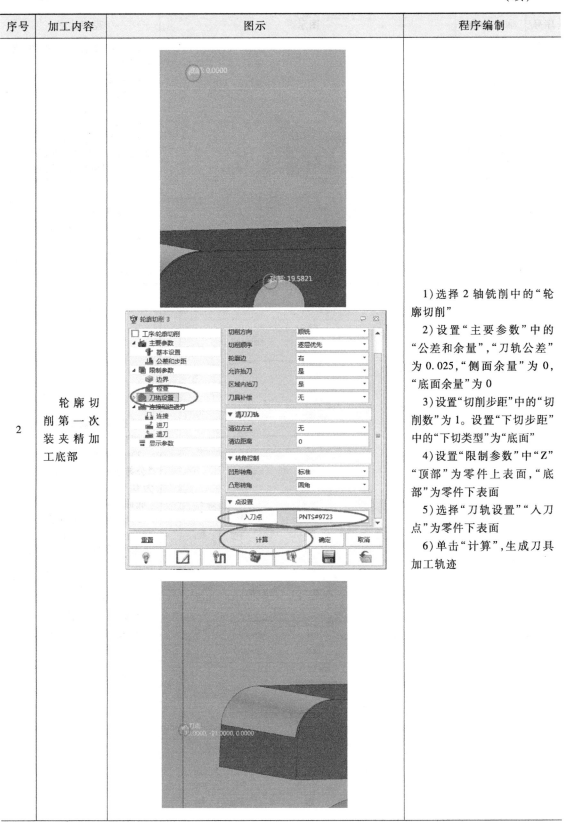	1）选择 2 轴铣削中的"轮廓切削" 2）设置"主要参数"中的"公差和余量"，"刀轨公差"为 0.025，"侧面余量"为 0，"底面余量"为 0 3）设置"切削步距"中的"切削数"为 1。设置"下切步距"中的"下切类型"为"底面" 4）设置"限制参数"中"Z""顶部"为零件上表面，"底部"为零件下表面 5）选择"刀轨设置""入刀点"为零件下表面 6）单击"计算"，生成刀具加工轨迹

（续）

序号	加工内容	图示	程序编制
2	轮廓切削第一次装夹精加工底部	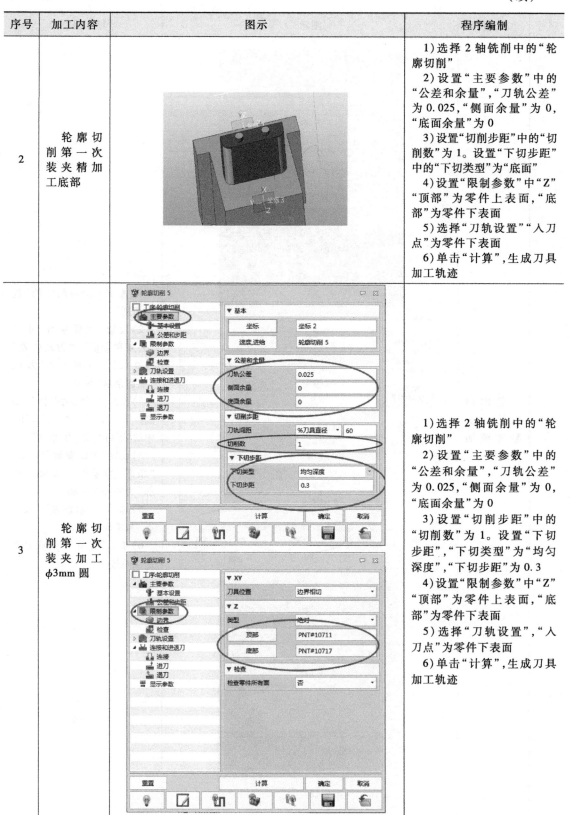	1）选择2轴铣削中的"轮廓切削" 2）设置"主要参数"中的"公差和余量"，"刀轨公差"为0.025，"侧面余量"为0，"底面余量"为0 3）设置"切削步距"中的"切削数"为1。设置"下切步距"中的"下切类型"为"底面" 4）设置"限制参数"中"Z""顶部"为零件上表面，"底部"为零件下表面 5）选择"刀轨设置""入刀点"为零件下表面 6）单击"计算"，生成刀具加工轨迹
3	轮廓切削第一次装夹加工φ3mm圆		1）选择2轴铣削中的"轮廓切削" 2）设置"主要参数"中的"公差和余量"，"刀轨公差"为0.025，"侧面余量"为0，"底面余量"为0 3）设置"切削步距"中的"切削数"为1。设置"下切步距"，"下切类型"为"均匀深度"，"下切步距"为0.3 4）设置"限制参数"中"Z""顶部"为零件上表面，"底部"为零件下表面 5）选择"刀轨设置"，"入刀点"为零件下表面 6）单击"计算"，生成刀具加工轨迹

（续）

序号	加工内容	图示	程序编制
3	轮廓切削第一次装夹加工ϕ3mm圆	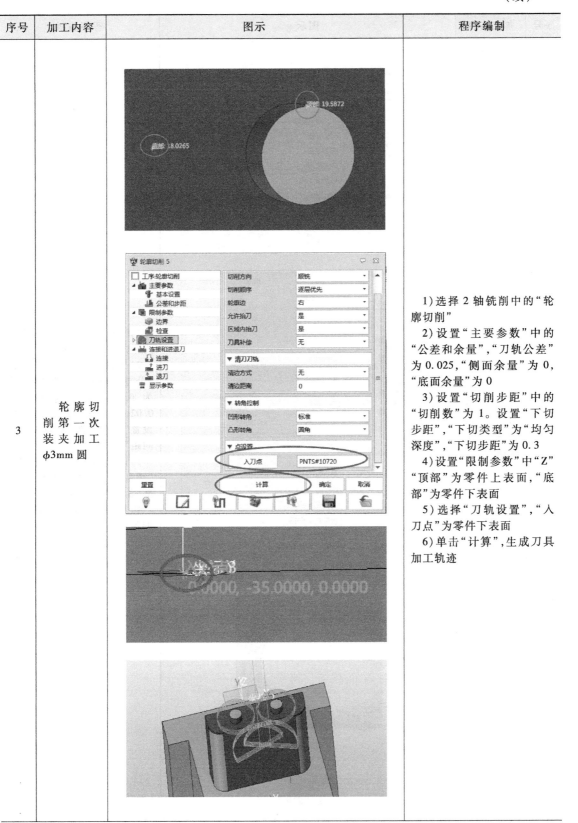	1）选择2轴铣削中的"轮廓切削" 2）设置"主要参数"中的"公差和余量"，"刀轨公差"为0.025，"侧面余量"为0，"底面余量"为0 3）设置"切削步距"中的"切削数"为1。设置"下切步距"，"下切类型"为"均匀深度"，"下切步距"为0.3 4）设置"限制参数"中"Z""顶部"为零件上表面，"底部"为零件下表面 5）选择"刀轨设置"，"入刀点"为零件下表面 6）单击"计算"，生成刀具加工轨迹

（续）

序号	加工内容	图示	程序编制
4	平行铣削第一次装夹加工碰穿面	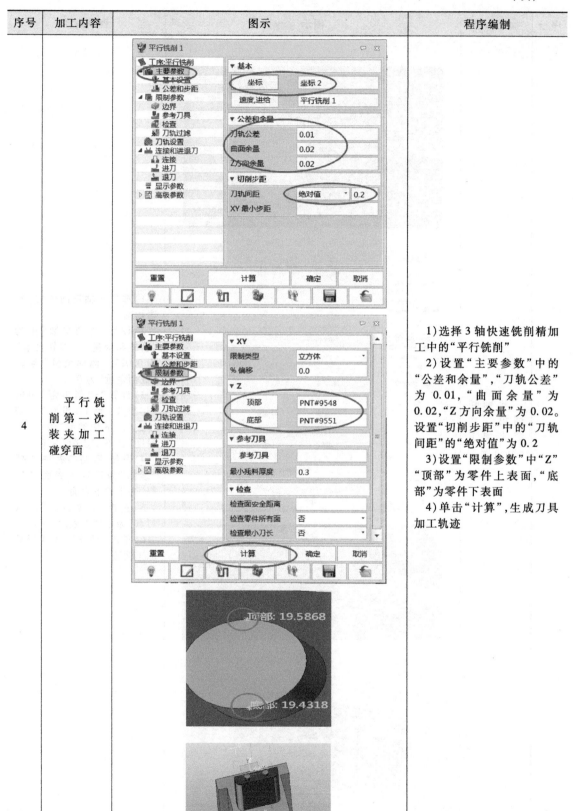	1）选择3轴快速铣削精加工中的"平行铣削" 2）设置"主要参数"中的"公差和余量"，"刀轨公差"为0.01，"曲面余量"为0.02，"Z方向余量"为0.02。设置"切削步距"中的"刀轨间距"的"绝对值"为0.2 3）设置"限制参数"中"Z""顶部"为零件上表面，"底部"为零件下表面 4）单击"计算"，生成刀具加工轨迹

（续）

序号	加工内容	图示	程序编制
5	轮廓切削第二次装夹粗加工滑动导向侧壁	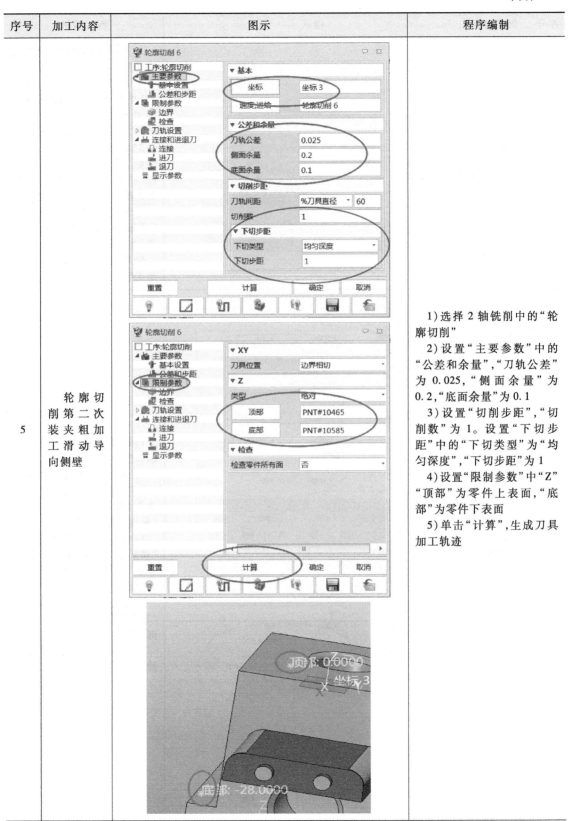	1）选择 2 轴铣削中的"轮廓切削" 2）设置"主要参数"中的"公差和余量","刀轨公差"为 0.025,"侧面余量"为 0.2,"底面余量"为 0.1 3）设置"切削步距","切削数"为 1。设置"下切步距"中的"下切类型"为"均匀深度","下切步距"为 1 4）设置"限制参数"中"Z""顶部"为零件上表面,"底部"为零件下表面 5）单击"计算",生成刀具加工轨迹

（续）

序号	加工内容	图示	程序编制
5	轮廓切削第二次装夹粗加工滑动导向侧壁	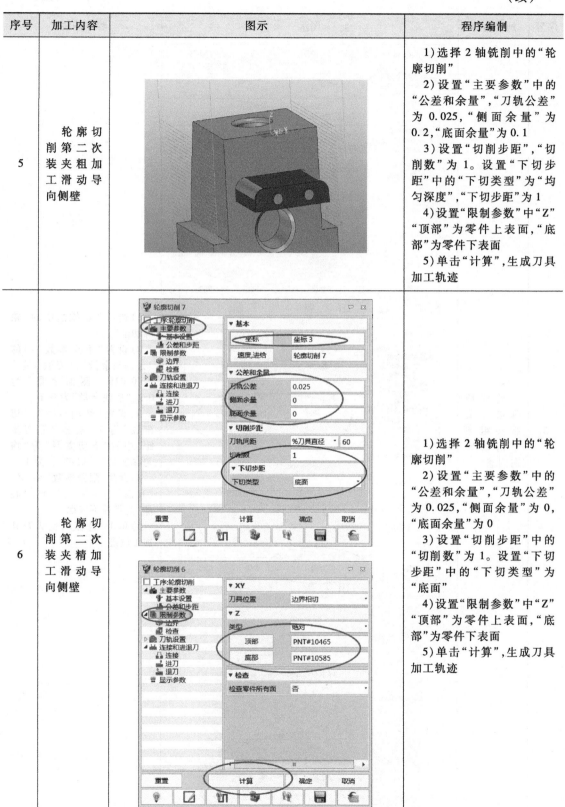	1）选择2轴铣削中的"轮廓切削" 2）设置"主要参数"中的"公差和余量"，"刀轨公差"为0.025，"侧面余量"为0.2，"底面余量"为0.1 3）设置"切削步距"，"切削数"为1。设置"下切步距"中的"下切类型"为"均匀深度"，"下切步距"为1 4）设置"限制参数"中"Z""顶部"为零件上表面，"底部"为零件下表面 5）单击"计算"，生成刀具加工轨迹
6	轮廓切削第二次装夹精加工滑动导向侧壁		1）选择2轴铣削中的"轮廓切削" 2）设置"主要参数"中的"公差和余量"，"刀轨公差"为0.025，"侧面余量"为0，"底面余量"为0 3）设置"切削步距"中的"切削数"为1。设置"下切步距"中的"下切类型"为"底面" 4）设置"限制参数"中"Z""顶部"为零件上表面，"底部"为零件下表面 5）单击"计算"，生成刀具加工轨迹

（续）

序号	加工内容	图示	程序编制
6	轮廓切削第二次装夹精加工滑动导向侧壁	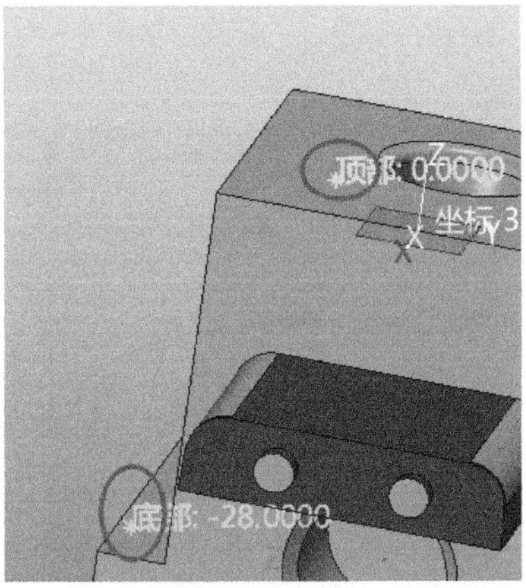 	1）选择 2 轴铣削中的"轮廓切削" 2）设置"主要参数"中的"公差和余量"，"刀轨公差"为 0.025，"侧面余量"为 0，"底面余量"为 0 3）设置"切削步距"中的"切削数"为 1。设置"下切步距"中的"下切类型"为"底面" 4）设置"限制参数"中"Z""顶部"为零件上表面，"底部"为零件下表面 5）单击"计算"，生成刀具加工轨迹
7	轮廓切削第二次装夹加工斜面	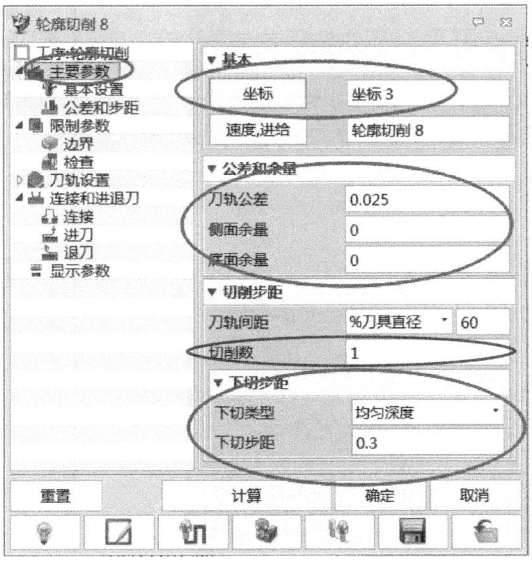	1）选择 2 轴铣削中的"轮廓切削" 2）设置"主要参数"中的"公差和余量"，"刀轨公差"为 0.025，"侧面余量"为 0，"底面余量"为 0 3）设置"切削步距"，"切削数"为 1。设置"下切步距"中的"下切类型"为"均匀深度"，"下切步距"为 0.3 4）设置"限制参数"中"Z""顶部"为零件上表面，"底部"为零件下表面 5）单击"计算"，生成刀具加工轨迹

（续）

序号	加工内容	图示	程序编制
7	轮廓切削第二次装夹加工斜面	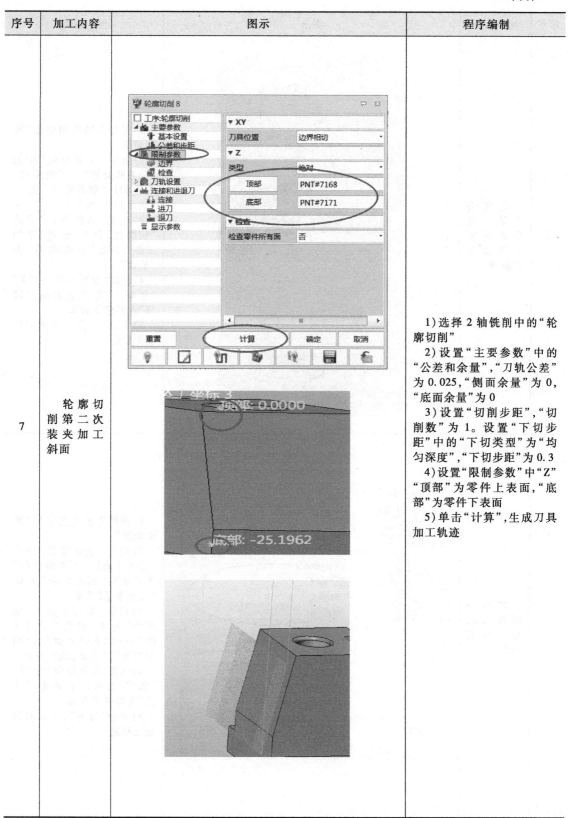	1）选择 2 轴铣削中的"轮廓切削" 2）设置"主要参数"中的"公差和余量"，"刀轨公差"为 0.025，"侧面余量"为 0，"底面余量"为 0 3）设置"切削步距"，"切削数"为 1。设置"下切步距"中的"下切类型"为"均匀深度"，"下切步距"为 0.3 4）设置"限制参数"中 Z"顶部"为零件上表面，"底部"为零件下表面 5）单击"计算"，生成刀具加工轨迹

四、加工零件

加工零件时，各工步的加工内容见表2-29。

表2-29　各工步的加工内容

序号	工步	加工内容	加工图示
1	装夹工件	将坯料放在平口钳上，敲紧垫铁	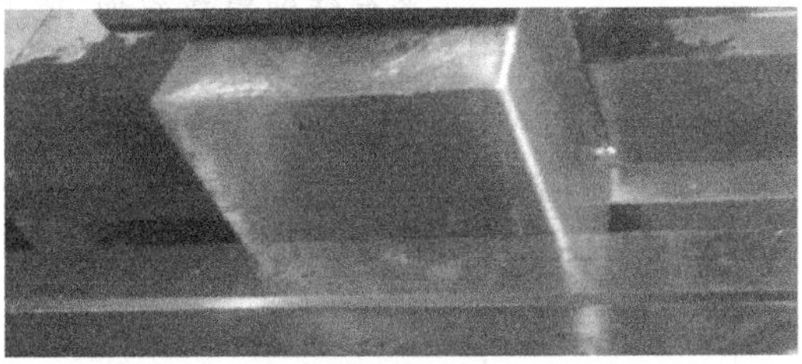
2	建立工件坐标系	分中棒主轴正转300r/min，先碰触工件左端面，机床录入X1位置，再碰触工件右端面，录入X2位置，完成X方向工件坐标系建立。重复以上操作，依次碰触工件后端面和前端面，完成Y方向工件坐标系建立 Z轴移动到工件上表面用对刀棒对刀，确定工件上表面为工件坐标系的Z轴零位	
3	轮廓切削第一次装夹粗加工	用轮廓切削粗加工滑块凸台，留0.2mm余量	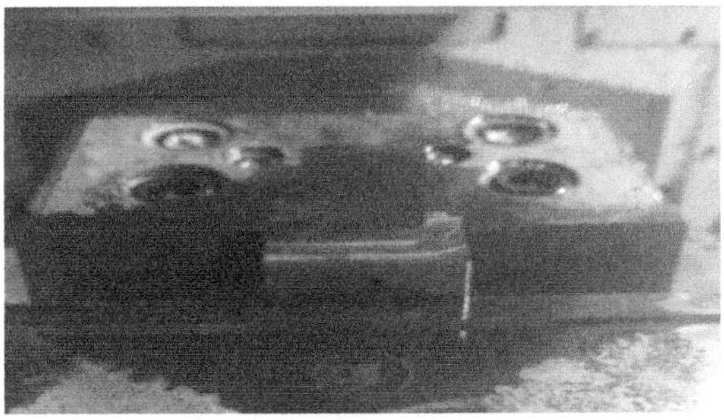
4	轮廓切削第一次装夹精加工底部	用轮廓切削精加工滑块凸台，留0.02mm余量	
5	轮廓切削第一次装夹加工ϕ3mm圆	轮廓切削精加工滑块圆台，留0.02mm余量	

（续）

序号	工步	加工内容	加工图示
6	平行铣削第一次装夹加工碰穿面	平行铣削滑块斜面，留0.02mm余量	
7	轮廓切削第二次装夹粗加工滑动导向侧壁	轮廓切削粗加工滑动导向侧壁，留0.2mm余量	
8	轮廓切削第二次装夹精加工滑动导向侧壁	轮廓切削精加工台阶面	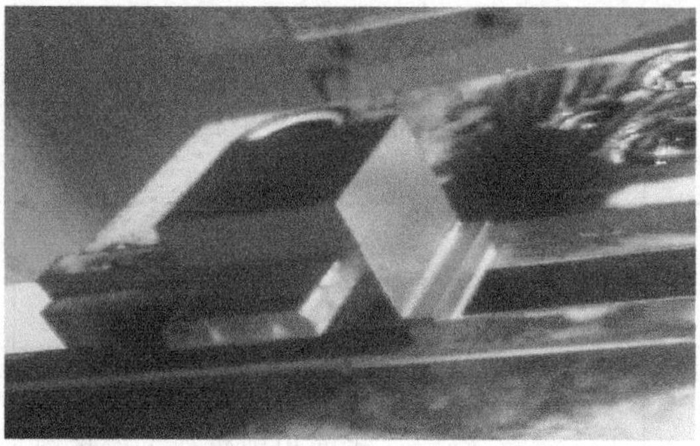
9	轮廓切削第二次装夹加工斜面	轮廓切削加工滑块锁紧斜面，留0.02mm余量	

（续）

序号	工步	加工内容	加工图示
10	维护保养	卸下工件,清扫、维护机床,将刀具、量具擦净。	

五、检测零件

小组成员分工检测零件，并将检测结果填入零件检测表，见表2-30。

表2-30　零件检测表

序号	检测项目	检测内容	配分	检测要求	学生自评	老师测评
1	长度	$18.03^{+0.02}_{0}$	5	超差不得分		
2		$1.56^{+0.02}_{0}$	5	超差不得分		
3	宽度	10.05 ± 0.02	5	超差不得分		
4		$24.12^{0}_{-0.08}$	5	超差不得分		
5		$30^{-0.02}_{-0.041}$	5	超差不得分		
6		$40^{-0.1}_{-0.2}$	5	超差不得分		
7	高度	$7^{0}_{-0.018}$	7.5	超差不得分		
8		$18^{0}_{-0.02}$	7.5	超差不得分		
9	直径	$\phi3.02$	5	超差不得分		
10		锐角倒钝	5	超差不得分		
11	表面质量	$Ra1.6\mu m$	5	超差不得分		
12		$Ra3.2\mu m$	5	超差不得分		
13		去除毛刺飞边	5	未处理不得分		
14	时间	零件按时完成	5	未按时完成不得分		
15	现场操作规范	安全操作	10	按违反操作规程程度扣分		
16		工具和量具使用	10	工具和量具使用错误,每项扣2分		
17		设备维护保养	5	违反维护保养规程,每项扣2分		
合计（总分）			100	机床编号		总得分
开始时间			结束时间			加工时间

六、工作评价与鉴定

1. 评价（90%）

对任务实施过程进行评价，并将结果填入综合评价表，见表2-31。

表2-31　综合评价表

项目	工艺编制及编程（10%）	机床操作能力（10%）	零件质量（40%）	职业素养（30%）	成绩合计
个人评价					
小组评价					
教师评价					
平均成绩					

2. 鉴定（10%）

学生结合自身收获、指导教师根据任务实施情况，填写实训鉴定表，见表2-32。

表2-32　实训鉴定表

自我鉴定	学生签名：_____ _____年___月___日
指导教师鉴定	指导教师签名：_____ _____年___月___日

七、任务拓展训练

根据本任务相关内容，加工如图 2-28 所示滑块零件。

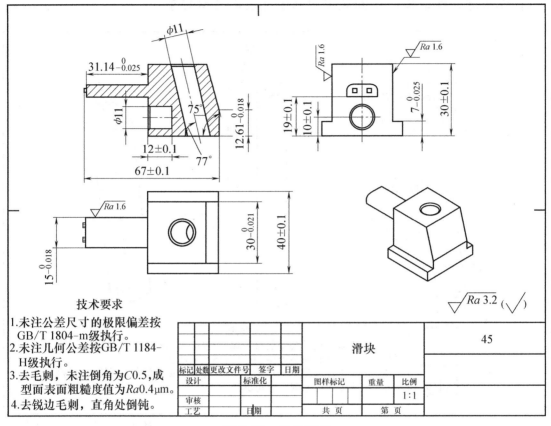

技术要求

1. 未注公差尺寸的极限偏差按GB/T 1804-m 级执行。
2. 未注几何公差按GB/T 1184-H 级执行。
3. 去毛刺，未注倒角为 C0.5，成型面表面粗糙度值为 Ra0.4μm。
4. 去锐边毛刺，直角处倒钝。

标记	处数	更改文件号	签字	日期				滑块				45	
设计			标准化			图样标记			重量		比例		
审核											1:1		
工艺			日期			共 页					第 页		

图 2-28　滑块零件

任务四　斜顶成型零件加工

【任务目标】

知识目标	1. 了解斜顶成型零件的结构及其在模具中的作用。 2. 熟练掌握斜顶类零件加工工艺安排及编程。
技能目标	1. 学会设置合适的参数，使用平行铣削功能完成斜顶类零件的加工。 2. 能够选择合适的工艺路线，独立完成斜顶的编程与加工。
素养目标	1. 养成安全文明生产和遵守操作规程的意识。 2. 具备良好的人际交往和团队协作能力。

【任务要求】

如图 2-29 所示的斜顶，材料为 45 钢，请根据图样要求，合理制定加工工艺，安全操作机床，保证零件达到规定的精度和表面质量要求。

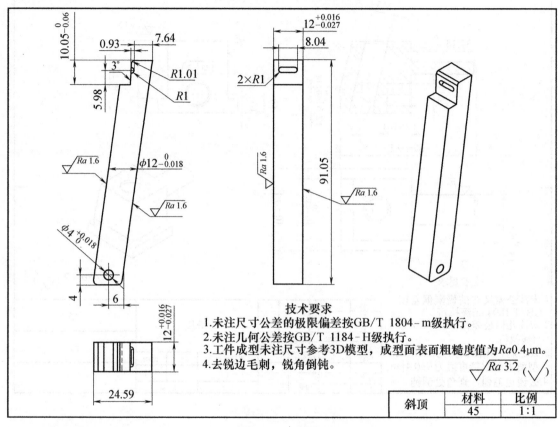

技术要求

1. 未注尺寸公差的极限偏差按GB/T 1804-m级执行。
2. 未注几何公差按GB/T 1184-H级执行。
3. 工件成型未注尺寸参考3D模型，成型面表面粗糙度值为$Ra0.4\mu m$。
4. 去锐边毛刺，锐角倒钝。

$\sqrt{Ra 3.2}$ $(\sqrt{})$

斜顶	材料	比例
	45	1:1

图 2-29 斜顶

【任务准备】

完成本任务需要准备的实训物品的清单见表 2-33。

表 2-33 实训物品的清单

序号	实训资源	种类	数量	备注
1	机床	AVL850 型数控铣床	6 台	或者其他数控铣床
2	参考资料	《数控铣床编程手册》《数控铣床操作手册》《数控铣床连接调试手册》	3 本	
3	刀具	D6R3	6 把	
		D2R1	6 把	

（续）

序号	实训资源	种类	数量	备注
4	量具	测量范围为 0~150mm 的游标卡尺	6 把	
		分中棒	6 个	
5	辅具	平口钳	6 把	
		铜棒	6 根	
		垫铁	6 盒	
6	材料	45 钢	6 块	
7	工具车	铣削工具车	6 辆	

【相关知识】

一、斜顶设计分析

模具斜顶又名斜梢、斜顶，是模具设计中用来成型产品内部倒钩的机构，适用于比较简单的倒钩情况。

1. 斜顶设计及注意事项

1）设计斜顶时，退模方向应尽量取较短方向。

2）斜顶角度尽量取大，但角度以不超过 12° 为原则。另需考虑斜顶在开模后退行程中可能会带动成品偏移，所以顶出距离应取成品高度的 4/5。若角度超过 12°，则取 12°，再将顶针凸出公模面 0.5~1mm，起定位作用。

3）斜顶顶部一般需比公模略低约 0.05mm。

4）斜顶上若有凸起（靠破洞）时应增加脱模角，角度以 3° 以上为佳，最多可至 6°。

5）设计大斜顶时应考虑顶出挠度问题，所以底座最好作在顶杆孔正上方。

6）在设计大型斜斜顶时，应考虑前倾及顶出时左右顶出不均时可能出现摆动力量，所以最好设置 T 型槽及燕尾槽。

7）有斜顶时，最好加装顶针板导柱，防止斜顶移动时侧向分力阻碍顶出。

8）当斜顶头部有碰穿或插穿面时，回位销下加装弹簧以保护斜顶碰穿或插穿面。

9）设计斜顶时，注意成品公模侧定位，防止斜顶运动时带动成品。

2. 设计原则

1）由斜顶的定义来看，斜顶是一种抽芯机构，只是它的动作完成是由模具的顶出系统来完成的。一般来说，在产品的内表面有倒扣结构，产品周围用于抽芯机构的空间比较小时可优先考虑采用斜顶来完成。

2）通常，斜顶角度不得过大，一般设置为≤7°。当抽芯距离过长，而通过增加顶出长度无法满足要求时，可适当加大斜顶角度，但角度最大不可超过12°。在斜顶角度增大的同时，应注意复位弹簧的受力也应增加。

3）斜顶的封胶段长度 L_1 应大于或等于 10mm，通常取 10~15mm。

4）斜顶的截面尺寸应满足斜顶的强度要求。一般来说，斜顶长度应小于300mm，而截面应大于或等于 8mm×8mm。

5）一般来说，斜顶材料采用 3Cr2W8V（638），加工完成后进行氮化处理，硬度应达到 700HV 以上。

6）在模具结构图上，斜顶的剖面需标注的尺寸包括斜顶的角度、斜顶在封胶段上的厚度、封胶段与镶块底面的高度、斜顶在模架上的避空量。

7）斜顶孔在镶块上的孔采用线切割的方法加工，但在模架上的孔通常设计为避空孔，为了保证斜顶在顶出过程中滑动顺利，在后模模架下面应设有辅助滑道。辅助滑道的材料为锡青铜，辅助滑道上的斜顶孔也采用线切割加工。辅助滑道一般采用螺钉和定位销固定于后模模架。辅助滑道的厚度为 15mm、20mm、25mm。

二、斜导柱抽芯机构的结构形式

斜导柱抽芯机构的结构形式有很多，通常可分为斜导柱在定模、滑块在动模，斜导柱在动模、滑块在定模，斜导柱和滑块同在定模，斜导柱和滑块同在动模等几类。

（1）斜导柱在定模、滑块在动模的结构形式　斜导柱在定模、滑块在动模的结构形式如图 2-30 所示，是一种应用最为广泛的结构形式。在成型过程中，侧型芯与滑块在开模的同时被斜导柱抽出。模具完全打开后，推出机构将制件推出。

（2）斜导柱在动模、滑块在定模的结构形式　图 2-31 所示为斜导柱在动模、滑块在定模的结构形式，其特点是动模中没有设置推出机构。在该结构中，斜导柱和滑块导柱孔的配合间隙较大。在滑块分开前，动模和定模首先分开一段距离，使得制件与型芯产生相应的位移。之后，模具动模与定模分开，斜导柱将滑块拨开。最后，模具完全分开，取出制件。

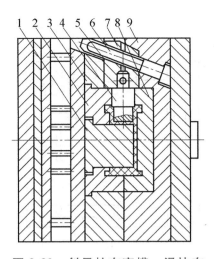

图 2-30　斜导柱在定模、滑块在
动模的结构形式

1—型芯　2—动模镶块　3—型芯固定板

4—侧型芯　5—销钉　6—斜导柱

7—滑块　8—定模镶块　9—定模板

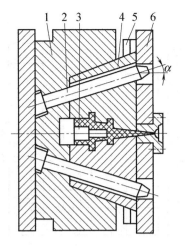

图 2-31　斜导柱在动模、滑块
在定模的结构形式

1—动模板　2—斜导柱　3—型芯

4—滑块　5—导滑槽　6—定模座板

（3）斜导柱与滑块同在定模的结构形式　当斜导柱与滑块同在定模中时，必须在动模与定模分开前将侧型芯从制件中抽出，否则可能造成制件留在定模中或在动模与定模分开时发生制件损坏现象。如图 2-32 所示，开模时，凹模在弹簧的作用下使分型面 A 首先分开，滑块在斜导柱的带动下开始抽芯。当凹模移动到定距螺钉的台肩时，停止移动。与此同时，抽芯动作结束。之后，模具的动模部分继续移动，分型面 B 分开，制件从定模中脱出，留在型芯上。最后，由推件板推出制件。本结构的优点是机构简单，加工方便，适用于抽芯力不大的场合。

（4）斜导柱与滑块同在动模的结构形式　斜导柱与滑块同在动模的结构形式如图 2-33 所示。开模时，模具首先沿分型面 A 分开，装在型芯固定板上的斜导柱拨动滑块向外移动，抽出型芯。接着，模具继续打开，型芯固定板内部的台肩与型芯的台肩相碰，模具分型面 B 打开，型芯带动制件脱出凹模。最后，推件板从模具中推出制件。

⚙【任务实施】

本任务的实施可参考表 2-34 所示的流程完成。

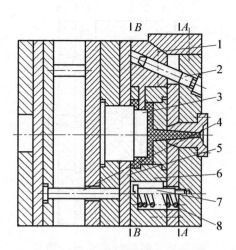

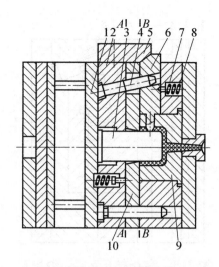

图 2-32　斜导柱与滑块同在定模的结构形式　　图 2-33　斜导柱与滑块同在动模的结构形式

1—滑块　2—斜导柱　3—型芯　　　　　1—支承板　2—型芯固定板　3—型芯

4—推杆　5—推件板　6—凹模　　　　　4—斜导柱　5—楔紧块　6—滑块　7—定位钉

7—定距螺钉　8—弹簧形式　　　　　8—弹簧　9—凹模镶件　10—推件板

表 2-34　任务实施流程

序号	任务流程	学时分配
1	相关知识学习	1 学时
2	图样分析	1 学时
3	制定加工工艺	
4	程序编制	1 学时
5	加工零件	4 学时
6	检测零件	1 学时
7	任务评价与鉴定	1 学时
8	任务拓展训练	

一、图样分析

1. 形状分析

该零件为斜顶，是模具设计中用来成型产品内部倒钩的机构。

2. 尺寸分析

零件尺寸主要是型芯中斜顶的成型尺寸，该成型尺寸需与型芯尺寸一致，在加工过程中，要注意测量该尺寸。

3. 其他分析

该零件成型面表面粗糙度值要求为 $Ra0.4\mu m$，滑动面表面粗糙度值要求为

$Ra1.6\mu m$，其余表面粗糙度值要求为 $Ra3.2\mu m$，未注尺寸公差按标准公差等级 IT12 执行，零件加工完成后需去除加工过程中产生的毛刺和飞边。

二、制定加工工艺

1. 选择刀具及切削用量

通过对零件的加工工艺分析，选择加工刀具，并编制刀具卡片，见表 2-35。

表 2-35　刀具卡片（参考）

工步	刀具号	直径/mm	圆角半径/mm	切削用量		
				主轴转速/（r/min)	进给量/（mm/r）	背吃刀量/mm
1	T01	6	3	5400	2400	0.15
2	T02	2	1	6000	1200	0.15
3	T02	2	1	6000	1200	0.1

2. 填写工艺卡片

根据加工工艺和选用刀具的情况，填写工艺卡片，见表 2-36。

表 2-36　工艺卡片（可学生填写）

	产品名称		零件名称		材料
	应急按钮盒盖		斜顶		45 钢
工序	装夹次数	工作场地		使用设备	夹具名称
1	一次装夹	实训车间		数控铣床	平口钳
工步	工步内容	切削用量			刀具	
		主轴转速/（r/min）	进给量/（mm/min）	背吃刀量/mm	编号	类型
1	平行铣削粗加工	5400	2400	0.15	T01	球头铣刀
2	平行铣削精加工成型部分	6000	1200	0.15	T02	球头铣刀
3	平行铣削精加工 φ2mm 圆弧	6000	1200	0.1	T02	球头铣刀
编制		审核		批准		日期

三、程序编制

零件各项加工内容的程序编制见表 2-37。

表 2-37　程序编制

序号	加工内容	图示	程序编制
1	平行铣削粗加工	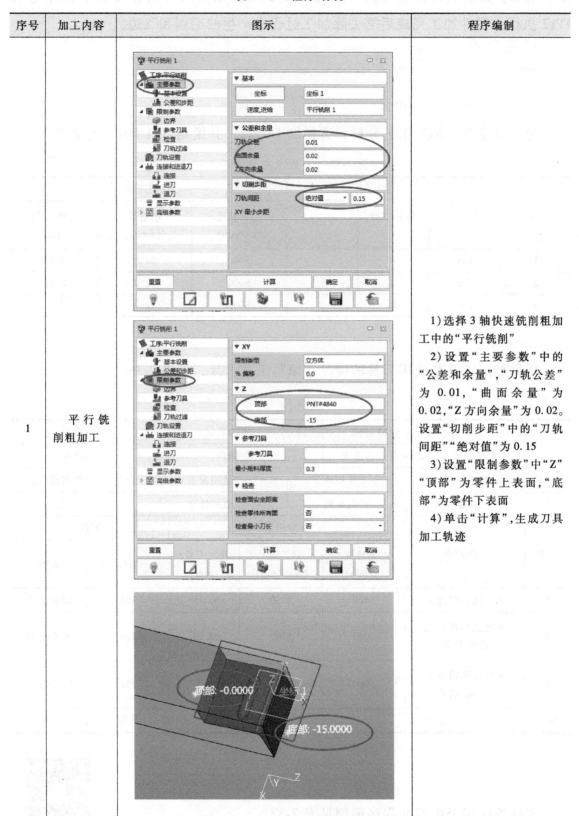	1）选择 3 轴快速铣削粗加工中的"平行铣削" 2）设置"主要参数"中的"公差和余量","刀轨公差"为 0.01,"曲面余量"为 0.02,"Z 方向余量"为 0.02。设置"切削步距"中的"刀轨间距""绝对值"为 0.15 3）设置"限制参数"中"Z""顶部"为零件上表面,"底部"为零件下表面 4）单击"计算",生成刀具加工轨迹

（续）

序号	加工内容	图示	程序编制
1	平行铣削粗加工	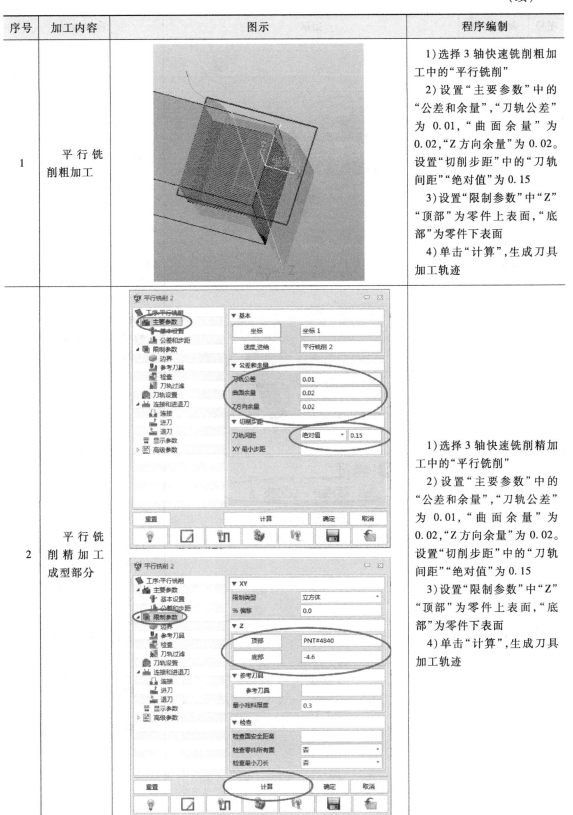	1）选择 3 轴快速铣削粗加工中的"平行铣削" 2）设置"主要参数"中的"公差和余量"，"刀轨公差"为 0.01，"曲面余量"为 0.02，"Z 方向余量"为 0.02。设置"切削步距"中的"刀轨间距""绝对值"为 0.15 3）设置"限制参数"中"Z""顶部"为零件上表面，"底部"为零件下表面 4）单击"计算"，生成刀具加工轨迹
2	平行铣削精加工成型部分		1）选择 3 轴快速铣削精加工中的"平行铣削" 2）设置"主要参数"中的"公差和余量"，"刀轨公差"为 0.01，"曲面余量"为 0.02，"Z 方向余量"为 0.02。设置"切削步距"中的"刀轨间距""绝对值"为 0.15 3）设置"限制参数"中"Z""顶部"为零件上表面，"底部"为零件下表面 4）单击"计算"，生成刀具加工轨迹

（续）

序号	加工内容	图示	程序编制
2	平行铣削精加工成型部分	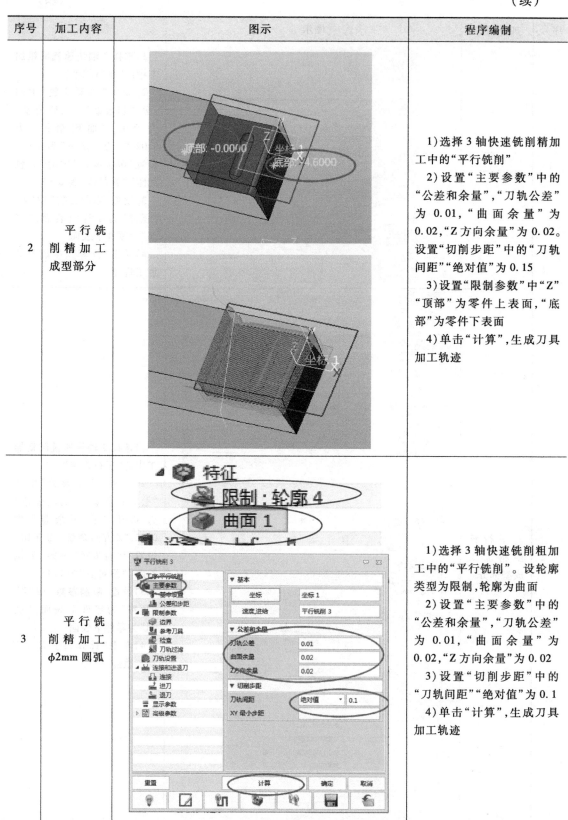	1）选择3轴快速铣削精加工中的"平行铣削" 2）设置"主要参数"中的"公差和余量"，"刀轨公差"为 0.01，"曲面余量"为0.02，"Z方向余量"为0.02。设置"切削步距"中的"刀轨间距""绝对值"为0.15 3）设置"限制参数"中"Z""顶部"为零件上表面，"底部"为零件下表面 4）单击"计算"，生成刀具加工轨迹
3	平行铣削精加工φ2mm 圆弧		1）选择3轴快速铣削粗加工中的"平行铣削"。设轮廓类型为限制，轮廓为曲面 2）设置"主要参数"中的"公差和余量"，"刀轨公差"为 0.01，"曲面余量"为0.02，"Z方向余量"为0.02 3）设置"切削步距"中的"刀轨间距""绝对值"为0.1 4）单击"计算"，生成刀具加工轨迹

（续）

序号	加工内容	图示	程序编制
3	平行铣削精加工 ϕ2mm 圆弧	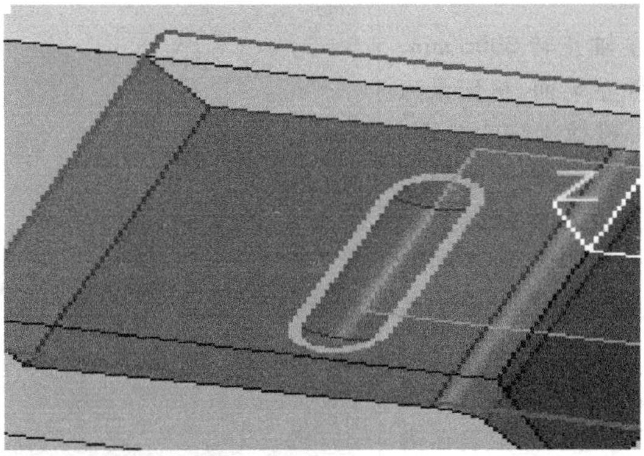 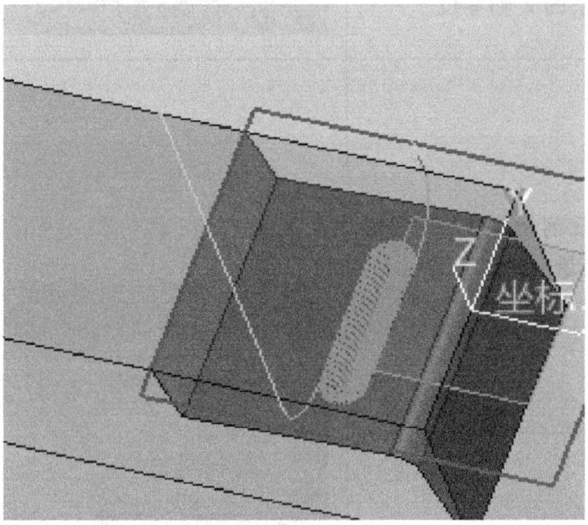	1）选择 3 轴快速铣削粗加工中的"平行铣削"。设轮廓类型为限制，轮廓为曲面 2）设置"主要参数"中的"公差和余量"，"刀轨公差"为 0.01，"曲面余量"为 0.02，"Z 方向余量"为 0.02 3）设置"切削步距"中的"刀轨间距""绝对值"为 0.1 4）单击"计算"，生成刀具加工轨迹

四、加工零件

加工零件时，各工步的加工内容见表 2-38。

表 2-38 加工零件步骤

序号	工步	加工内容	加工图示
1	装夹工件	将坯料放在平口钳上，敲紧垫铁	

（续）

序号	工步	加工内容	加工图示
2	建立工件坐标系	分中棒主轴正转 300r/min，先碰触工件左端面，机床录入 X1 位置，再碰撞工件右端面，录入 X2 位置，完成 X 方向工件坐标系建立。重复以上操作依次碰触工件后端面和前端面，完成 Y 方向工件坐标系建立 Z 轴移动到工件上表面用对刀棒对刀，确定工件上表面为工件坐标系的 Z 轴零位	
3	平行铣削粗加工	用平行铣削粗加工斜顶，留 0.02mm 余量	
4	平行铣削精加工成型部分	用平行切削精加工斜顶，留 0.02mm 余量	
5	平行铣削精加工 ϕ2mm 圆弧	用平行铣削精加工 ϕ2mm 圆弧	

（续）

序号	工步	加工内容	加工图示
6	维护保养	卸下工件,清扫、维护机床,将刀具、量具擦净。	

五、检测零件

小组成员分工检测零件,并将检测结果填入零件检测表,见表2-39。

表2-39　零件检测表

序号	检测项目	检测内容	配分	检测要求	学生自评	老师测评
1	长度	7.64	5	超差不得分		
2		0.93	5	超差不得分		
3	宽度	8.04	5	超差不得分		
4		$2 \times R1$	5	超差不得分		
5	高度	91.05	5	超差不得分		
6		$10.05_{-0.06}^{0}$	5	超差不得分		
7		5.98	5	超差不得分		
8		4	5	超差不得分		
9	圆角	$R1$	5	超差不得分		
10		锐角倒钝	5	未处理不得分		
11	表面质量	$Ra1.6\mu m$	5	超差不得分		
12		$Ra3.2\mu m$	5	超差不得分		
13		去除毛刺飞边	5	未处理不得分		
14	时间	工件按时完成	10	未按时完成不得分		
15	现场操作规范	安全操作	10	按违反操作规程程度扣分		
16		工具和量具使用	10	工具和量具使用错误,每项扣2分		
17		设备维护保养	5	违反维护保养规程,每项扣2分		
合计(总分)			100	机床编号	总得分	
开始时间			结束时间		加工时间	

六、工作评价与鉴定

1. 评价（90%）

对任务实施过程进行评价，并将结果填入综合评价表，见表2-40。

表 2-40 综合评价表

项目	工艺编制及编程（10%）	机床操作能力（10%）	零件质量（40%）	职业素养（30%）	成绩合计
个人评价					
小组评价					
教师评价					
平均成绩					

2. 鉴定（10%）

学生结合自身收获、指导教师根据任务实施情况，填写实训鉴定表，见表2-41。

表 2-41 实训鉴定表

自我鉴定	学生签名：_____ ____年____月____日
指导教师鉴定	指导教师签名：_____ ____年____月____日

七、任务拓展训练

根据本任务相关内容，加工如图 2-34 所示斜顶零件。

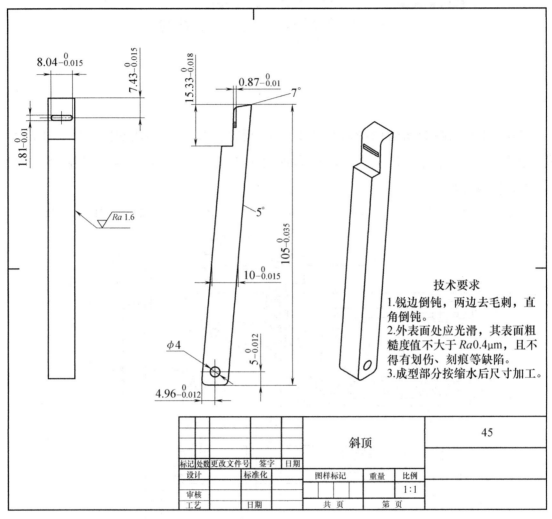

技术要求

1.锐边倒钝，两边去毛刺，直角倒钝。
2.外表面处应光滑，其表面粗糙度值不大于 Ra0.4μm，且不得有划伤、刻痕等缺陷。
3.成型部分按缩水后尺寸加工。

标记	处数	更改文件号	签字	日期		斜顶			45	
设计		标准化				图样标记		重量	比例	
审核									1:1	
工艺		日期				共　页		第　页		

图 2-34　斜顶

项目三　典型内滑块台阶分型面模具成型零件加工

本项目为控制器面盖内滑块台阶分型面塑料模具，模具装配图如图 3-1 所示。模架由厂家按照标准工艺生产，需要本项目加工的零件有型芯 24、型腔 15、内滑块 12 和镶件 14。

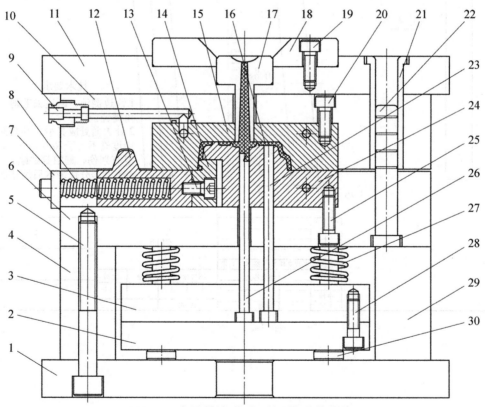

图 3-1　内滑块台阶分型面模具装配图

1—动模座板　2—推板　3—顶针固定板　4—垫块　5、13、19、20、25、28—内六角螺钉　6—动模板
7—挡块　8—弹簧　9—水嘴　10—定模板　11—定模座板　12—内滑块　14—镶件　15—型腔
16—塑件　17—浇口套　18—定位圈　21—导套　22—导柱　23—顶杆　24—型芯
26—拉料杆　27—复位弹簧　29—垫块　30—支承柱

模具合模时，在导柱 22 和导套 21 的导向定位下，动模部分和定模部分闭合，内滑块 12 及固定在内滑块上的镶件 14 在定模板 10 锁紧槽右斜面的斜向力下压缩

弹簧 8 向左运动，最终锁紧槽左斜面压紧内滑块 12 到达闭合位置，同时镶件 14 的左侧成型面与型腔 15 左侧成型面碰触，呈现碰穿关系。

塑件要填充的腔体由型腔 15、型芯 24 和固定在内滑块 12 中的镶件 14 组成，并由注射机合模系统提供的锁模力锁紧，然后注射机开始注射，塑料熔体经定模上的浇口套 17 进入腔体，待熔体充满腔体并经过保压、补缩和冷却定型后开模。

模具开模时，注射机合模系统带动动模部分后退，同时内滑块 12 及镶件 14 在弹簧 8 的弹力作用下向右滑动，模具从动模和定模分型面分开。内滑块 12 滑动过程中，镶件 14 退出塑件 16 左侧，实现塑件 16 的内侧特征成型。塑件 16 包裹在型芯 24 上随动模部分一起后退。同时，拉料杆 26 将浇注系统的主流道凝料从浇口套 17 中拉出。

当动模部分到达开模行程后，注射机的推杆通过动模座板 1 中间的圆孔推动推板 2，推出机构开始动作。顶杆 23 和拉料杆 26 分别将塑件 16 及浇注系统凝料从型芯 24 中推出，塑件 16 与浇注系统凝料一起从模具中落下。推出机构在复位弹簧 27 的作用下回退到动模底部，至此完成一次注射过程。合模时，推出机构靠复位杆确认复位并准备下一次注射。

任务一　型芯成型零件加工

【任务目标】

知识目标	1. 熟练掌握型芯类零件加工工艺安排及编程。 2. 熟练掌握型芯零件加工工艺中刀具选择、加工余量及清根等参数设置。
技能目标	1. 学会设置合适的参数，使用二维偏移粗加工及参考工序等功能完成型芯类零件的粗加工。 2. 学会设置合适的参数，使用等高线切削、轮廓切削等功能完成型芯类零件的精加工及清根操作。
素养目标	1. 养成安全文明生产和遵守操作规程的意识。 2. 具备良好的人际交往和团队协作能力。

【任务要求】

如图 3-2 所示的型芯，其材料为 45 钢，请根据图样要求，合理制定加工工艺，安全操作机床，保证零件达到规定的精度和表面质量要求。

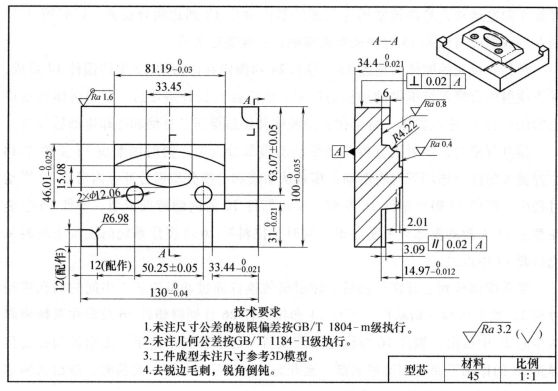

图 3-2　型芯

![任务准备图标]【任务准备】

完成本任务需要准备的实训物品的清单见表 3-1。

表 3-1　实训物品的清单

序号	实训资源	种类	数量	备注
1	机床	AVL850 型数控铣床	6 台	或者其他数控铣床
2	参考资料	《数控铣床编程手册》《数控铣床操作手册》《数控铣床连接调试手册》	3 本	
3	刀具	D12R0	6 把	
		D8R1	6 把	
4	量具	测量范围为 0~150mm 的游标卡尺	6 把	
		分中棒	6 个	
5	辅具	平口钳	6 把	
		铜棒	6 根	
		垫铁	6 盒	
6	材料	45 钢	6 块	
7	工具车	铣削工具车	6 辆	

【相关知识】

浇注系统的组成及加工中应注意的事项

1. 浇注系统的组成及作用

注射模的浇注系统是指熔体从注射机喷嘴射入到注射模具型腔所流经的通道。一般由主流道、分流道、浇口、冷料穴四部分组成，如图 3-3 所示。浇注系统的作用是将熔体平稳地引入型腔，使之按要求填充型腔的每一个角落，使型腔内的气体顺利地排除，在熔体填充型腔和凝固的过程中，能充分地把压力传到型腔各部位，以获得组织致密、外形清晰、尺寸稳定的塑料制品。

2. 浇注系统的选择及加工注意事项

（1）主流道的选择及注意事项　主流道是指浇注系统中从注射机喷嘴与模具接触处开始到分流道为止的塑料熔体的流动通道，是熔体最先流经模具的部分，它的形状与尺寸对塑料熔体的流动速度和充模时间有较大的影响，因此，必须使熔体的温度降和压力损失最小。

在卧式或立式注射机上使用的模具中，主流道垂直于分型面。主流道通常设计在模具的浇口套中，如图 3-4 所示。为了让主流道凝料能顺利从浇口套中拔出，主流道设计成圆锥形，其锥角 α 为 2°~6°，小端直径 d 比注塑机喷嘴直径大 0.5~1mm。

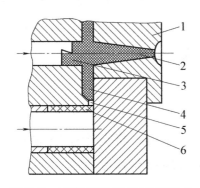

图 3-3　注射模的浇注系统结构

1—主流道衬套　2—主流道　3—冷料穴

4—分流道　5—浇口　6—塑件

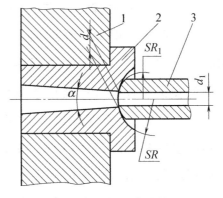

图 3-4　主流道结构

1—定模座板　2—浇口套

3—注塑机喷嘴

（2）分流道的选择及加工注意事项　分流道开设在动定模分型面的两侧或任意一侧，其截面形状应尽量使其比表面积（流道表面积与其体积之比）小，在温度较高的塑料熔体和温度相对较低的模具之间提供较小的接触面积，以减少热量损失。常用的分流道截面形式有圆形、梯形、U 形、半圆形及矩形等几种形式，如图 3-5 所示。圆形截面的比表面积最小，但需开设在分型面的两侧在制造时一定要注意模板上两部分形状对中吻合；梯形及 U 形截面分流道加工较容易，且热量损失与压力损失均不大，为常用的形式；半圆形截面分流道需用球头铣刀加工，其表面积比梯形和 U 形截面分流道略大，在设计中也有采用；矩形截面分流道因其比表面积较大，且流动阻力也大，故在设计中不常采用。

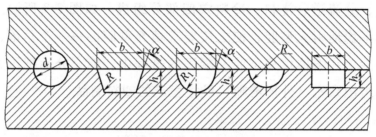

图 3-5　分流道截面形状

由于分流道中与模具接触的外层塑料迅速冷却，只有内部的熔体流动状态比较理想。因此，分流道表面粗糙度值要求不能太小，加工时要注意，一般 Ra 取 $1.6\mu m$ 左右，这可增加对外层塑料熔体的流动阻力，使外层塑料冷却皮层固定，形成绝热层。

（3）浇口的选择及加工注意事项　浇口是连接分流道和型腔的桥梁，是浇注系统中最薄弱、最关键的环节。浇口的作用是使熔料经狭小的浇口增速、增温，利于填充型腔。注射保压补缩后，浇口处首先凝固封闭成型腔体，减小塑件的变形和破裂。狭小浇口便于浇道凝料与塑件分离，修整方便。

浇口加工位置的选择及注意事项：

1）避免制品上产生缺陷。如果截面尺寸较小的浇口正对着宽度比较大的型腔，则高速的料流经过浇口时，受到很高的剪切力作用，将会产生喷射和融动等熔体断裂现象。这些喷出的高度定向的细丝或断裂物很快冷却变硬，与后进入型腔的熔体不能很好地融合而使制品出现明显的熔接痕。克服上述缺陷的办法是加大浇口截面尺寸或采用护耳浇口；或采用冲击型浇口，即浇口设置在正对型腔壁或粗大型芯的方位。

2）浇口开设的位置应有利于熔体流动和补缩。当制品的壁厚相差较大时，为了帮助注射过程中最终压力有效地传递到制品较厚部位以防止缩孔，在避免产生喷射的前提下，浇口的位置应开设在制品截面最厚处，以利于熔体填充及补料，

图 3-6a 所示的浇口位置选在了壁薄处，由于收缩时得不到补料，塑件容易出现凹痕；图 3-6b 所示的浇口位置选在了壁厚处，可以克服凹痕缺陷；图 3-6c 所示的直接浇口，可以大大改善熔体充模条件，提高制品质量，但去除浇口比较困难。

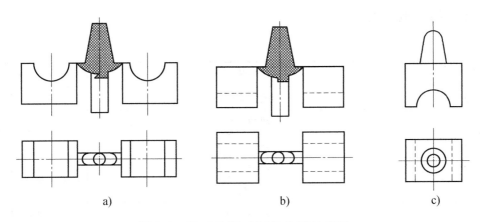

图 3-6 浇口位置对制品收缩的影响

3）浇口位置应设在熔体流动时能量损失最小的部位。在保证型腔得到良好填充的前提下，应使熔体的流程最短，流向变化最少，以减少能量的损失。图 3-7a 所示的浇口位置的流程长，流向变化多，且不利于排气，容易造成顶部缺料或产生气泡等缺陷。图 3-7b、c 可以解决图 3-7a 可能产生的缺陷。

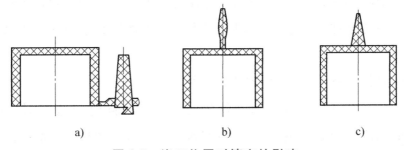

图 3-7 浇口位置对填充的影响

4）浇口位置应有利于型腔内气体的排出。若进入型腔的塑料过早地封闭排气系统，型腔内的气体就不能顺利排出，结果会在制品上造成气泡、充模不满、熔接不牢甚至局部烧焦等缺陷。最后充满的地方不一定是浇口最远的地方，而往往是塑件最薄处。

5）避免塑料制品产生熔接痕。熔体在填充过程中，只要存在分流，就会存在料流间的熔接，熔接强度不足就容易形成熔接痕。浇口数量越多，形成熔接痕的机会就多。为了减少内应力和翘曲变形，必要时应设置多个浇口，在可能产生熔接痕的情况下，可在熔接处的外侧开一溢料槽，以便料流的前锋冷料进入溢料槽，避免熔接痕产生。

【任务实施】

本任务的实施流程见表3-2。

表 3-2　任务的实施流程

序号	任务流程	学时分配
1	相关知识学习	1 学时
2	图样分析	1 学时
3	制定加工工艺	
4	程序编制	1 学时
5	加工零件	4 学时
6	检测零件	1 学时
7	任务评价与鉴定	1 学时
8	任务拓展训练	

一、图样分析

1. 形状分析

该零件为型芯零件，型芯的加工尺寸配合型腔尺寸形成塑件的壁厚。塑件为透明材料时，型芯零件的外表面处理要求等同于型腔零件表面的处理要求。

2. 尺寸分析

型芯零件的长、宽、深度会影响塑件的外观尺寸，加工时应注意及时对其进行测量检验。型芯右下角的枕位为塑件的台阶位置，同时与型腔部分碰穿，加工时应注意测量枕位到分型面的高度；中间椭圆台为进胶的碰穿面，加工时应注意测量型面与分型面之间的尺寸。

3. 其他分析

该零件分型面表面粗糙度值要求为 $Ra0.8\mu m$，成型面表面粗糙度值要求为 $Ra0.4\mu m$，其余表面粗糙度值要求为 $Ra3.2\mu m$，未注尺寸公差按标准公差等级 IT12 执行，零件加工完成后需去除加工过程中产生的毛刺和飞边。

二、制定加工工艺

1. 选择刀具及切削用量

根据对零件的加工工艺分析，选择加工刀具，并编制刀具卡片，见表3-3。

表 3-3　刀具卡片（参考）

工步	刀具号	直径/mm	圆角半径/mm	切削用量		
				主轴转速/(r/min)	进给量/(mm/r)	背吃刀量/mm
1	T01	12	0	2800	3800	1
2	T01	12	0	2800	1000	1
3	T02	8	1	2800	1200	0.2
4	T01	12	0	3600	1200	0.2
5	T01	12	0	3600	1200	0.2
6	T01	12	0	3600	1200	0.2

2. 填写工艺卡片

根据加工工艺和选用刀具的情况，填写工艺卡片，见表 3-4。

表 3-4　工艺卡片（可学生填写）

		产品名称	零件名称		材料	
		控制器面盖	型芯镶块		45 钢	
工序	装夹次数	工作场地	使用设备		夹具名称	
1	一次装夹	实训车间	数控铣床		平口钳	
工步	工步内容	切削用量			刀具	
		主轴转速/(r/min)	进给量/(mm/min)	背吃刀量/mm	编号	类型
1	二维偏移粗加工	2800	3800	1	T01	立铣刀
2	二维偏移精加工型芯底部	2800	1000	1	T01	立铣刀
3	等高线切削加工型芯侧壁	2800	1200	0.2	T02	牛鼻铣刀
4	轮廓切削型芯顶部圆槽清根	3600	1200	0.2	T01	立铣刀
5	轮廓切削型芯精定位清根	3600	1200	0.2	T01	立铣刀
6	轮廓切削型芯底部清根	3600	1200	0.2	T01	立铣刀
编制		审核	批准		日期	

三、程序编制

零件各项加工内容的程序编制见表 3-5。

表 3-5　程序编制

序号	加工内容	图示	程序编制
1	二 维 偏 移 粗 加 工	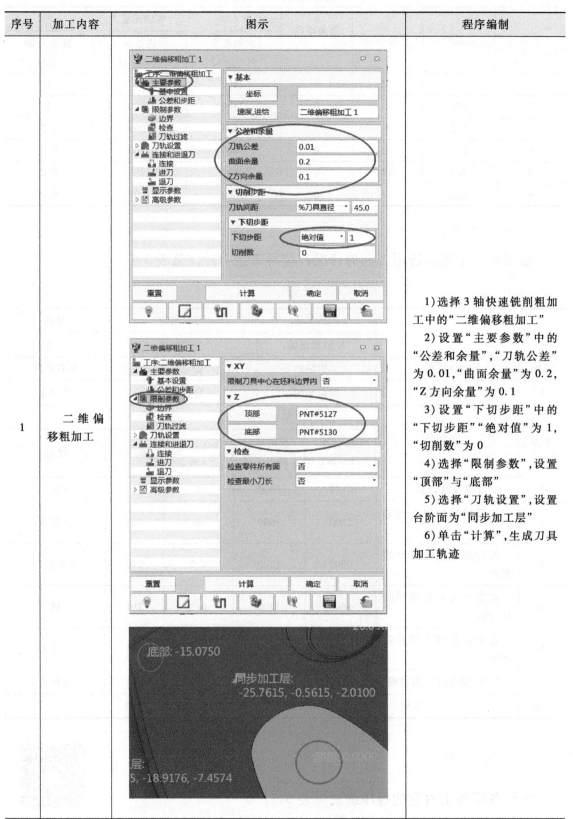	1) 选择 3 轴快速铣削粗加工中的"二维偏移粗加工" 2) 设置"主要参数"中的"公差和余量","刀轨公差"为 0.01,"曲面余量"为 0.2,"Z 方向余量"为 0.1 3) 设置"下切步距"中的"下切步距""绝对值"为 1,"切削数"为 0 4) 选择"限制参数",设置"顶部"与"底部" 5) 选择"刀轨设置",设置台阶面为"同步加工层" 6) 单击"计算",生成刀具加工轨迹

（续）

序号	加工内容	图示	程序编制
1	二 维 偏移粗加工	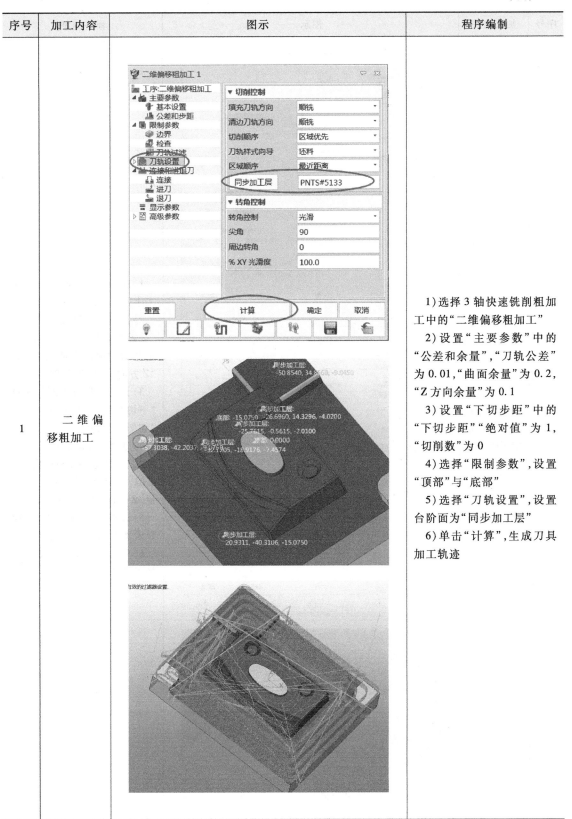	1）选择 3 轴快速铣削粗加工中的"二维偏移粗加工" 2）设置"主要参数"中的"公差和余量"，"刀轨公差"为 0.01，"曲面余量"为 0.2，"Z 方向余量"为 0.1 3）设置"下切步距"中的"下切步距""绝对值"为 1，"切削数"为 0 4）选择"限制参数"，设置"顶部"与"底部" 5）选择"刀轨设置"，设置台阶面为"同步加工层" 6）单击"计算"，生成刀具加工轨迹

（续）

序号	加工内容	图示	程序编制
2	二维偏移精加工型芯底部	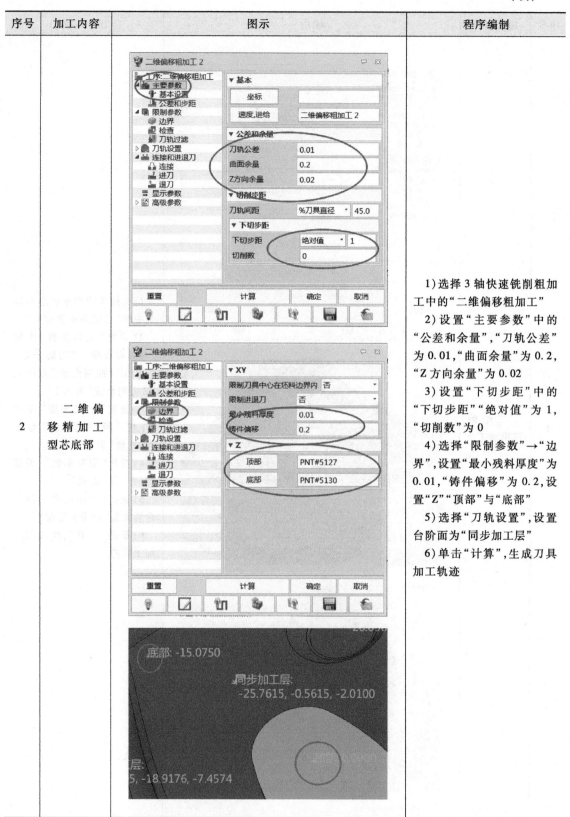	1）选择 3 轴快速铣削粗加工中的"二维偏移粗加工" 2）设置"主要参数"中的"公差和余量"，"刀轨公差"为 0.01，"曲面余量"为 0.2，"Z 方向余量"为 0.02 3）设置"下切步距"中的"下切步距""绝对值"为 1，"切削数"为 0 4）选择"限制参数"→"边界"，设置"最小残料厚度"为0.01，"铸件偏移"为 0.2，设置"Z""顶部"与"底部" 5）选择"刀轨设置"，设置台阶面为"同步加工层" 6）单击"计算"，生成刀具加工轨迹

（续）

序号	加工内容	图示	程序编制
2	二维偏移精加工型芯底部	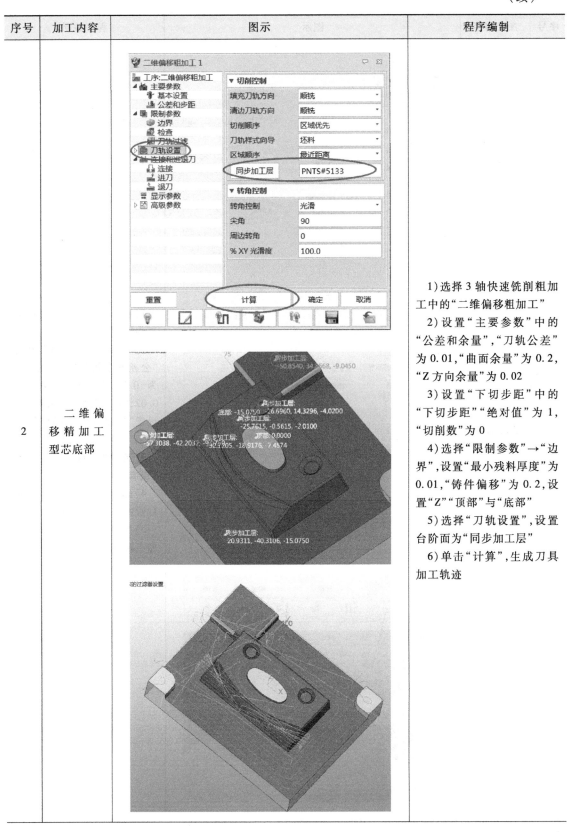	1）选择 3 轴快速铣削粗加工中的"二维偏移粗加工" 2）设置"主要参数"中的"公差和余量"，"刀轨公差"为 0.01，"曲面余量"为 0.2，"Z 方向余量"为 0.02 3）设置"下切步距"中的"下切步距""绝对值"为 1，"切削数"为 0 4）选择"限制参数"→"边界"，设置"最小残料厚度"为 0.01，"铸件偏移"为 0.2，设置"Z""顶部"与"底部" 5）选择"刀轨设置"，设置台阶面为"同步加工层" 6）单击"计算"，生成刀具加工轨迹

（续）

序号	加工内容	图示	程序编制
3	等高线切削加工型芯侧壁	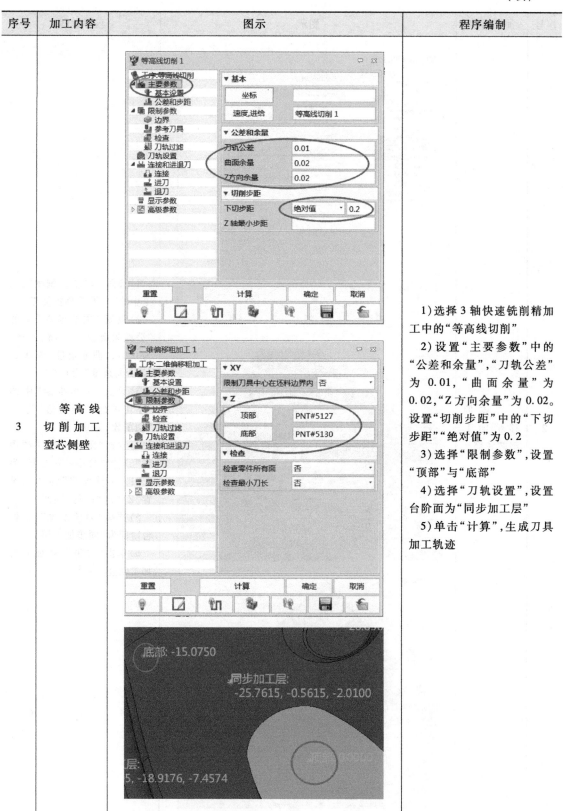	1）选择3轴快速铣削精加工中的"等高线切削" 2）设置"主要参数"中的"公差和余量"，"刀轨公差"为 0.01，"曲面余量"为0.02，"Z方向余量"为0.02。设置"切削步距"中的"下切步距""绝对值"为0.2 3）选择"限制参数"，设置"顶部"与"底部" 4）选择"刀轨设置"，设置台阶面为"同步加工层" 5）单击"计算"，生成刀具加工轨迹

（续）

序号	加工内容	图示	程序编制
3	等高线切削加工型芯侧壁	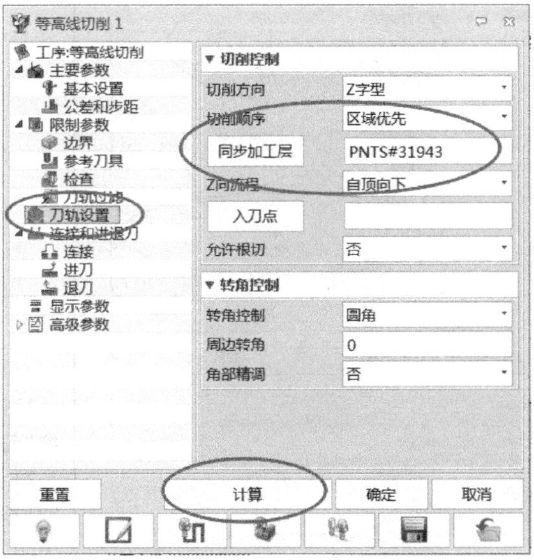 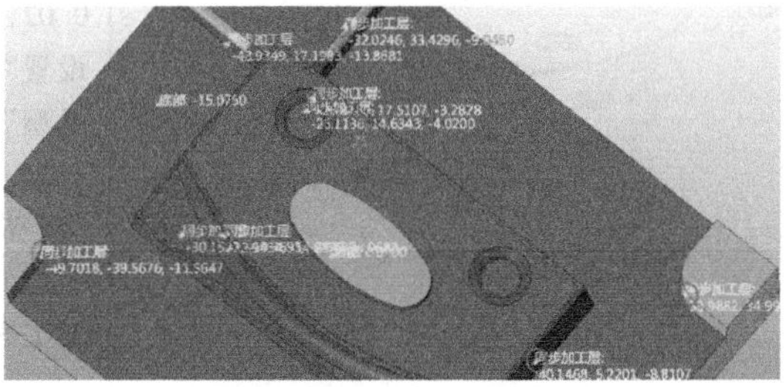 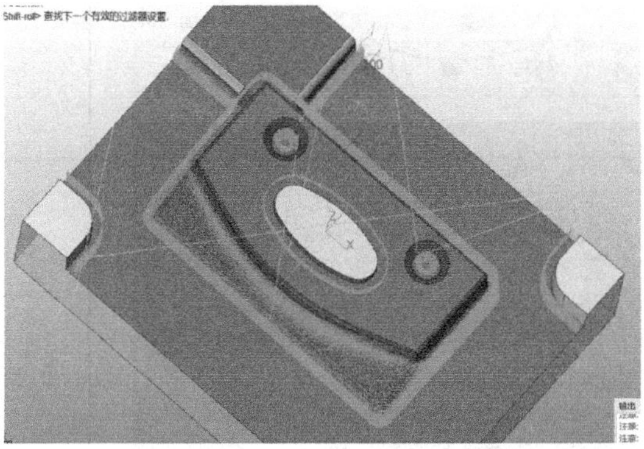	1）选择 3 轴快速铣削精加工中的"等高线切削" 2）设置"主要参数"中的"公差和余量"，"刀轨公差"为 0.01，"曲面余量"为 0.02，"Z 方向余量"为 0.02。设置"切削步距"中的"下切步距""绝对值"为 0.2 3）选择"限制参数"，设置"顶部"与"底部" 4）选择"刀轨设置"，设置台阶面为"同步加工层" 5）单击"计算"，生成刀具加工轨迹

（续）

序号	加工内容	图示	程序编制
4	轮廓切削型芯顶部圆槽清根	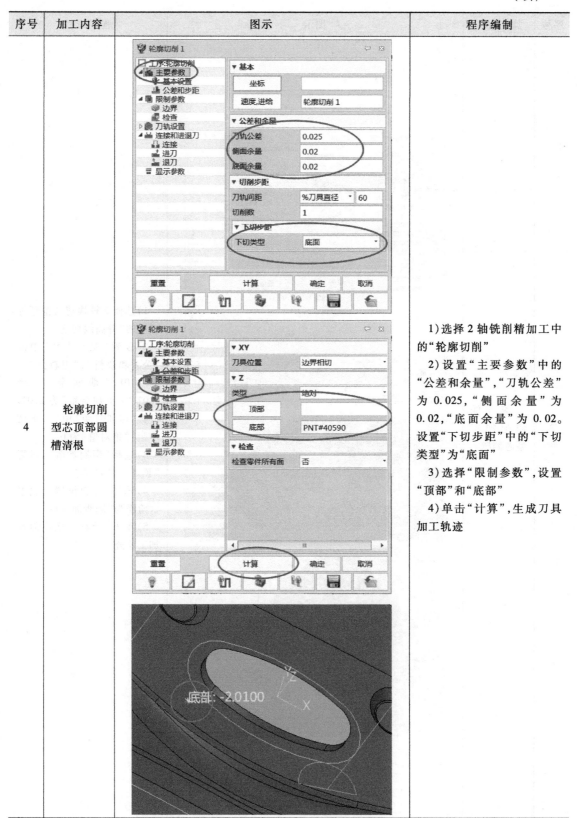	1）选择 2 轴铣削精加工中的"轮廓切削" 2）设置"主要参数"中的"公差和余量"，"刀轨公差"为 0.025，"侧面余量"为 0.02，"底面余量"为 0.02。设置"下切步距"中的"下切类型"为"底面" 3）选择"限制参数"，设置"顶部"和"底部" 4）单击"计算"，生成刀具加工轨迹

（续）

序号	加工内容	图示	程序编制
4	轮廓切削型芯顶部圆槽清根	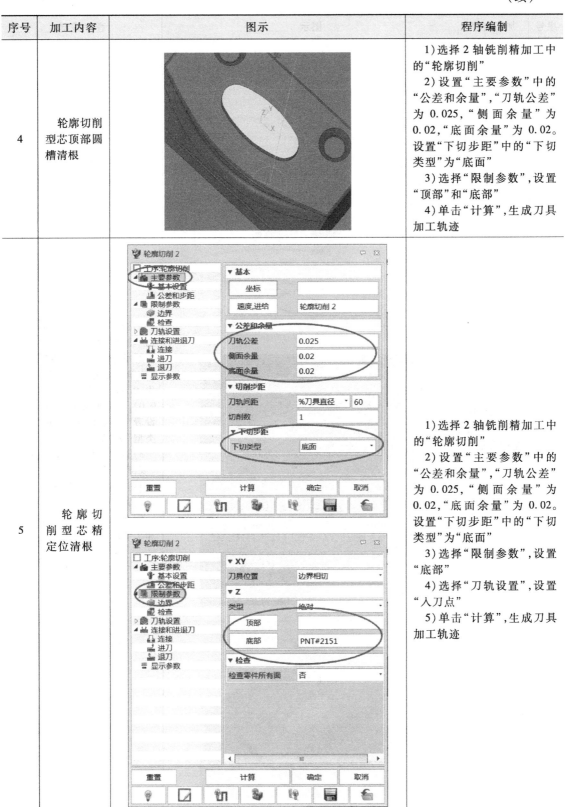	1）选择 2 轴铣削精加工中的"轮廓切削" 2）设置"主要参数"中的"公差和余量"，"刀轨公差"为 0.025，"侧面余量"为 0.02，"底面余量"为 0.02。设置"下切步距"中的"下切类型"为"底面" 3）选择"限制参数"，设置"顶部"和"底部" 4）单击"计算"，生成刀具加工轨迹
5	轮廓切削型芯精定位清根		1）选择 2 轴铣削精加工中的"轮廓切削" 2）设置"主要参数"中的"公差和余量"，"刀轨公差"为 0.025，"侧面余量"为 0.02，"底面余量"为 0.02。设置"下切步距"中的"下切类型"为"底面" 3）选择"限制参数"，设置"底部" 4）选择"刀轨设置"，设置"入刀点" 5）单击"计算"，生成刀具加工轨迹

（续）

序号	加工内容	图示	程序编制
5	轮廓切削型芯精定位清根	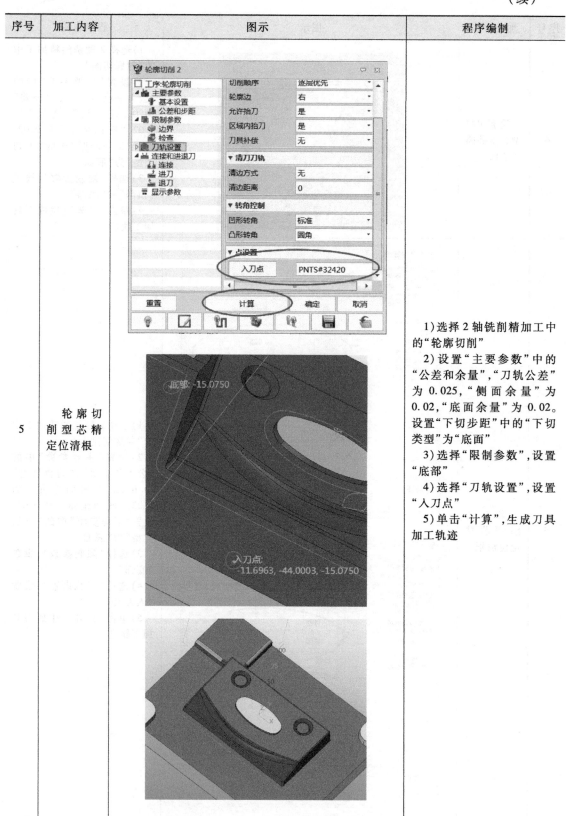	1）选择2轴铣削精加工中的"轮廓切削" 2）设置"主要参数"中的"公差和余量"，"刀轨公差"为0.025，"侧面余量"为0.02，"底面余量"为0.02。设置"下切步距"中的"下切类型"为"底面" 3）选择"限制参数"，设置"底部" 4）选择"刀轨设置"，设置"入刀点" 5）单击"计算"，生成刀具加工轨迹

（续）

序号	加工内容	图示	程序编制
6	轮廓切削型芯底部清根	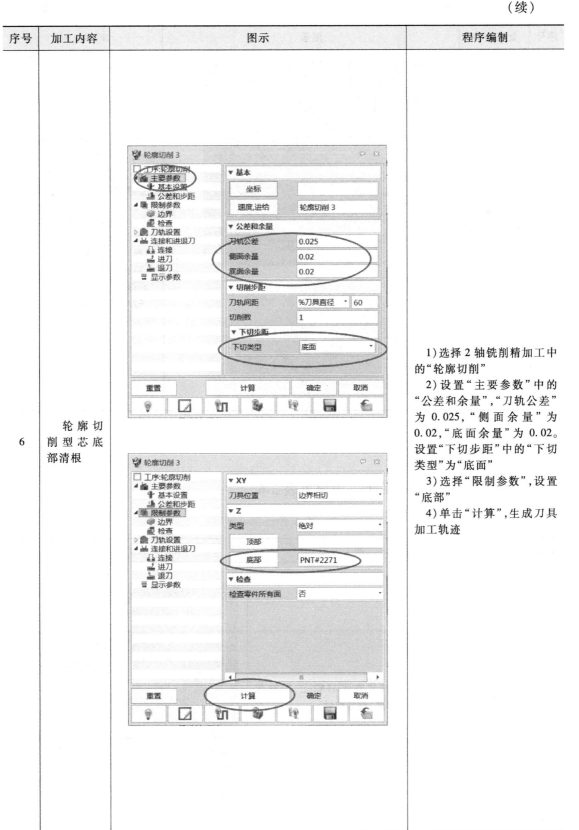	1）选择2轴铣削精加工中的"轮廓切削" 2）设置"主要参数"中的"公差和余量"，"刀轨公差"为0.025，"侧面余量"为0.02，"底面余量"为0.02。设置"下切步距"中的"下切类型"为"底面" 3）选择"限制参数"，设置"底部" 4）单击"计算"，生成刀具加工轨迹

（续）

序号	加工内容	图示	程序编制
6	轮廓切削型芯底部清根	  底部: -15.0750	1）选择2轴铣削精加工中的"轮廓切削" 2）设置"主要参数"中的"公差和余量"，"刀轨公差"为0.025，"侧面余量"为0.02，"底面余量"为0.02。设置"下切步距"中的"下切类型"为"底面" 3）选择"限制参数"，设置"底部" 4）单击"计算"，生成刀具加工轨迹

四、加工零件

加工零件时，各工步的加工内容见表3-6。

表3-6　各工步的加工内容

序号	工步	加工内容	加工图示
1	装夹工件	将坯料放在平口钳上，Z轴留12mm余量，敲紧垫铁	

（续）

序号	工步	加工内容	加工图示
2	建立工件坐标系	分中棒主轴正转 300r/min，先碰触工件左端面，机床录入 X1 位置，再碰触工件右端面，录入 X2 位置，完成 X 方向工件坐标系建立。重复以上操作依次碰触工件后端面和前端面，完成 Y 方向工件坐标系建立 Z 轴移动到工件上表面用对刀棒对刀，确定工件上表面为工件坐标系的 Z 轴零位	
3	二维偏移粗加工	用二维偏移粗加工型芯，留"曲面余量"0.2mm、"Z 方向余量"0.1mm	
4	二维偏移精加工型芯底部	用二维偏移精加工型芯底部，留"曲面余量"0.2mm、"Z 方向余量"0.02mm	
5	等高线切削加工型芯侧壁	用等高线切削精加工型芯，留"曲面余量"0.02mm、"Z 方向余量"0.02mm	

（续）

序号	工步	加工内容	加工图示
6	轮廓切削型芯顶部圆槽清根	用轮廓切削精加工进行型芯顶部圆槽清根，留"侧面余量"0.02mm、"底面余量"0.02mm	
7	轮廓切削型芯精定位清根	用轮廓切削精加工进行型芯底部清根，留"侧面余量"0.02mm、"底面余量"0.02mm	
8	轮廓切削型芯底部清根	用轮廓切削型芯进行精定位清根，留"侧面余量"0.02mm、"底面余量"0.02mm	
9	维护保养	卸下工件，清扫、维护机床，将刀具、量具擦净	

五、检测零件

小组成员分工检测零件，并将检测结果填入零件检测表，见表 3-7。

表 3-7　零件检测表

序号	检测项目	检测内容	配分	检测要求	学生自评	老师测评
1	长度	$33.44_{-0.021}^{0}$	5	超差不得分		
2		50.25 ± 0.05	5	超差不得分		
3		$81.19_{-0.03}^{0}$	5	超差不得分		
4	宽度	$31_{-0.021}^{0}$	5	超差不得分		
5		$46.01_{-0.025}^{0}$	5	超差不得分		
6		63.07 ± 0.05	5	超差不得分		
7	高度	3.09	2.5	超差不得分		
8		$14.97_{-0.012}^{0}$	5	超差不得分		
9		$34.4_{-0.021}^{0}$	5	超差不得分		
10	直径	33.45	2.5	超差不得分		
11		15.08	2.5	超差不得分		

（续）

序号	检测项目	检测内容	配分	检测要求	学生自评	老师测评
12		锐角倒钝	2.5	未处理不得分		
13	几何公差	$\perp$ 0.02 A	2.5	超差不得分		
14		$\parallel$ 0.02 A	2.5	超差不得分		
15	表面质量	$Ra0.4\mu m$	5	超差不得分		
16		$Ra0.8\mu m$	5	超差不得分		
17		去除毛刺飞边	5	未处理不得分		
18	时间	零件按时完成	5	未按时完成不得分		
19	现场操作规范	安全操作	10	按违反操作规程程度扣分		
20		工具和量具使用	10	工具和量具使用错误，每项扣2分		
21		设备维护保养	5	违反维护保养规程，每项扣2分		
合计（总分）			100	机床编号	总得分	
开始时间			结束时间		加工时间	

六、工作评价与鉴定

1. 评价（90%）

对任务实施过程进行评价，并将结果填入综合评价表，见表3-8。

表 3-8　综合评价表

项目	工艺编制及编程（10%）	机床操作能力（10%）	零件质量（40%）	职业素养（30%）	成绩合计
个人评价					
小组评价					
教师评价					
平均成绩					

2. 鉴定（10%）

学生结合自身收获、指导教师根据任务实施情况，填写实训鉴定表，见表3-9。

表 3-9　实训鉴定表

自我鉴定	学生签名：_____ _____年____月____日
指导教师鉴定	指导教师签名：_____ _____年____月____日

七、任务拓展训练

根据本任务相关内容，加工如图 3-8 所示型腔零件。

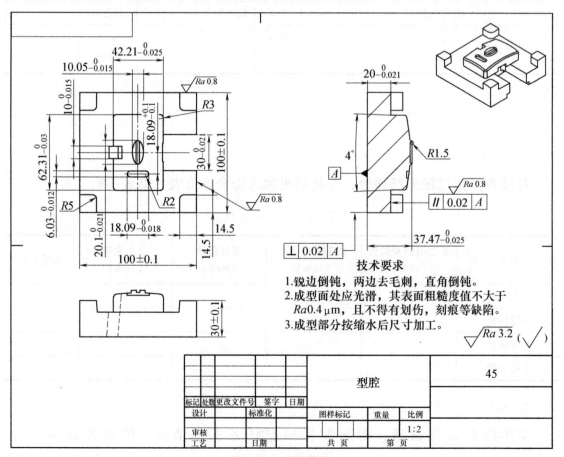

技术要求

1. 锐边倒钝，两边去毛刺，直角倒钝。
2. 成型面处应光滑，其表面粗糙度值不大于 $Ra0.4\,\mu m$，且不得有划伤，刻痕等缺陷。
3. 成型部分按缩水后尺寸加工。

图 3-8　型腔零件

任务二　型腔成型零件加工

【任务目标】

知识目标	1. 熟练掌握型腔类零件加工工艺安排及编程。 2. 熟练掌握加工工艺中刀具选择、加工余量等参数设置。
技能目标	1. 学会设置合适的参数,使用二维偏移粗加工等功能完成型腔类零件的粗加工。 2. 学会设置合适的参数和选择范围,使用等高线切削、平行铣削等功能完成型腔类零件的精加工。
素养目标	1. 养成安全文明生产和遵守操作规程的意识。 2. 具备良好的人际交往和团队协作能力。

【任务要求】

如图 3-9 所示的型腔,材料为 45 钢,请根据图样要求,合理制定加工工艺,安全操作机床,保证零件达到规定的精度和表面质量要求。

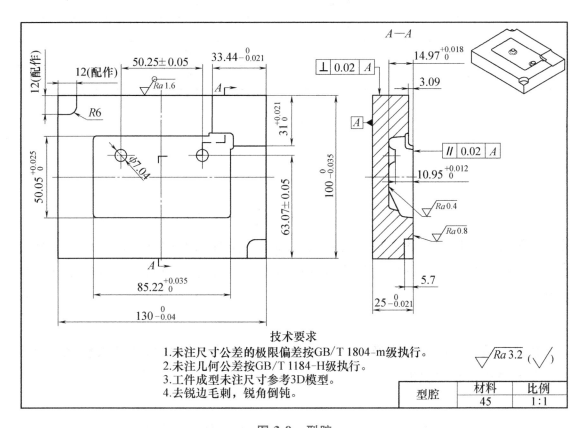

技术要求

1. 未注尺寸公差的极限偏差按GB/T 1804-m级执行。
2. 未注几何公差按GB/T 1184-H级执行。
3. 工件成型未注尺寸参考3D模型。
4. 去锐边毛刺,锐角倒钝。

型腔	材料	比例
	45	1:1

图 3-9　型腔

【任务准备】

完成本任务需要准备的实训物品的清单见表 3-10。

表 3-10　实训物品的清单

序号	实训资源	种类	数量	备注
1	机床	AVL850 型数控铣床	6 台	或者其他数控铣床
2	参考资料	《数控铣床编程手册》《数控铣床操作手册》《数控铣床连接调试手册》	3 本	
3	刀具	D12R0	6 把	
		D6R0.5	6 把	
		D4R2	6 把	
		D2R1	6 把	
4	量具	测量范围为 0~150mm 的游标卡尺	6 把	
		分中棒	6 个	
5	辅具	平口钳	6 把	
		铜棒	6 根	
		垫铁	6 盒	
6	材料	45 钢	6 块	
7	工具车	铣削工具车	6 辆	

【相关知识】

分型面的选择原则及加工中的注意事项

由于分型面受到塑件在模具中的成型位置、浇注系统设计、塑件结构工艺性及尺寸精度、嵌件的位置、塑件的推出、排气等多种因素的影响，因此在选择分型面时应综合分析比较以选出较为合理的方案。选择分型面时，应遵循以下几项基本原则。

1. 分型面应选择在塑件外形最大轮廓处

塑件在动、定模的方位确定后，其分型面应选在塑件外形的最大轮处，否则塑件会无法从型腔中脱出，这是最基本的选择原则。

2. 分型面应有利于塑件的顺利脱模

由于注塑机的顶出装置在动模一侧，所以分型面的选择应尽可能使塑件在开模后留在动模一侧，这样方便在动模部分设置推出机构，否则在定模内设置推出机构就会增加模具的复杂程度。如图 3-10a 所示，分型后，由于塑件收缩包紧在型芯上故而留在定模内。这样就必须在定模部分设置推出机构，从而增加了模具复杂性；但若按图 3-10b 所示分型后塑件留在动模内，利用注射机的顶出装置和模具的推出机构即可方便地推出塑件。

3. 分型面应满足塑件的外观质量要求

在分型面处会不可避免地在塑件上留下溢流飞边的痕迹，因此分型面最好不要设在塑件光亮平滑的外表面或圆弧的转角处，以免对塑件外观质量产生不利的影响。图 3-11a 所示的分型面在圆柱与圆弧的交接处，会影响塑件的外观，而图 3-11b 所示的分型面位置不影响塑件外观。

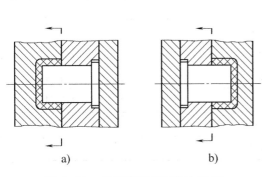

图 3-10　分型面对脱模的影响

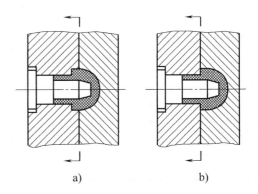

图 3-11　分型面对塑件外观质量的影响

4. 分型面要便于模具的加工制造

通常在模具设计中，选择平直分型面较多。但为了便于模具的制造，应根据模具的实际情况选择合理的分型面。图 3-12a 所示采用平直分型面，但推管做出阶梯状，加工难度大；采用图 3-12b 所示的阶梯分型面，模具的加工就比较方便。

5. 分型面应有利于排气

在选择分型面时，应尽量使填充型腔的塑料熔体料流的末端在分型面上，这样有利于排气。如图 3-13a 所示的结构，料流的末端被封死，排气效果较差；如图 3-13b 所示的结构排气就比较顺畅。

以上阐述的选择分型面的一般原则及部分示例，在实际设计中，不可能全部满足上述原则，应抓主要矛盾，从而较合理地确定分型面。

【任务实施】

本任务的实施流程见表 3-11。

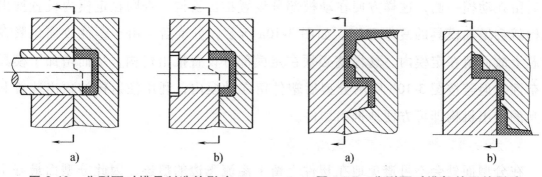

图 3-12　分型面对模具制造的影响　　　　图 3-13　分型面对排气效果的影响

表 3-11　实施流程

序号	任务流程	学时分配
1	相关知识学习	1 学时
2	图样分析	1 学时
3	制定加工工艺	
4	程序编制	1 学时
5	加工零件	4 学时
6	检测零件	1 学时
7	任务评价与鉴定	1 学时
8	任务拓展训练	

一、图样分析

1. 形状分析

该零件为型腔零件，是塑件外观的成型表面，加工时应注意表面刀路流畅合理，以便于后期进行表面抛光等操作。

2. 尺寸分析

型腔零件的长、宽、深度决定了塑件的外观尺寸，加工时应注意及时对其进行测量检验。塑件的两个孔位，在型腔上表现为凸台，加工时应注意测量凸台顶面与分型面之间的尺寸。型腔右上角的枕位为塑件的台阶位置，同时与型芯部分碰穿，加工时应注意测量枕位到分型面的高度

3. 其他分析

该零件分型面表面粗糙度值要求为 $Ra0.8\mu m$，成型面表面粗糙度值要求为 $Ra0.4\mu m$，其余表面粗糙度值要求为 $Ra3.2\mu m$，未注尺寸公差按标准公差等级 IT12 执行，零件加工完成后需去除加工过程中产生的毛刺和飞边。

二、制定加工工艺

1. 选择刀具及切削用量

通过对零件进行加工工艺分析，选择加工刀具，并编制刀具卡片，见表 3-12。

表 3-12 刀具卡片（参考）

工步	刀具号	直径/mm	圆角半径/mm	主轴转速/(r/min)	进给量/(mm/r)	背吃刀量/mm
1	T01	12	0	3600	2400	1
2	T02	6	0.5	5000	1200	1
3	T02	6	0.5	5000	1200	0.15
4	T03	4	2	5000	1200	0.15
5	T03	4	2	5000	1200	0.2
6	T04	2	1	5000	1200	0.1
7	T04	2	1	5000	1200	0.1

2. 填写工艺卡

根据加工工艺和选用刀具的情况，填写工艺卡片，见表 3-13。

表 3-13 工艺卡片（可学生填写）

		产品名称	零件名称	材料		
		控制器面盖	型腔	45 钢		
工序	装夹次数	工作场地	使用设备	夹具名称		
1	一次装夹	实训车间	数控铣床	平口钳		
工步	工步内容	主轴转速/(r/min)	进给量/(mm/min)	背吃刀量/mm	编号	类型
1	二维偏移粗加工	3600	2400	1	T01	立铣刀
2	二维偏移精加工底部	5000	1200	1	T02	牛鼻铣刀
3	等高线切削精加工精定位	5000	1200	0.15	T02	牛鼻铣刀
4	等高线切削精加工型腔侧壁	5000	1200	0.15	T03	球头铣刀
5	平行铣削型腔底部清根	5000	1200	0.2	T03	球头铣刀
6	等高线切削精加工 $R1mm$ 圆弧处	5000	1200	0.1	T04	球头铣刀

（续）

工步	工步内容	切削用量			刀具	
		主轴转速/ （r/min）	进给量/ （mm/min）	背吃刀量/ mm	编号	类型
7	等高线切削精 加工 φ7mm 圆	5000	1200	0.1	T04	球头铣刀
编制		审核		批准		日期

三、程序编制

零件各项加工内容的程序编制见表 3-14。

表 3-14 程序编制

序号	加工内容	图示	程序编制
1	二维偏移 粗加工	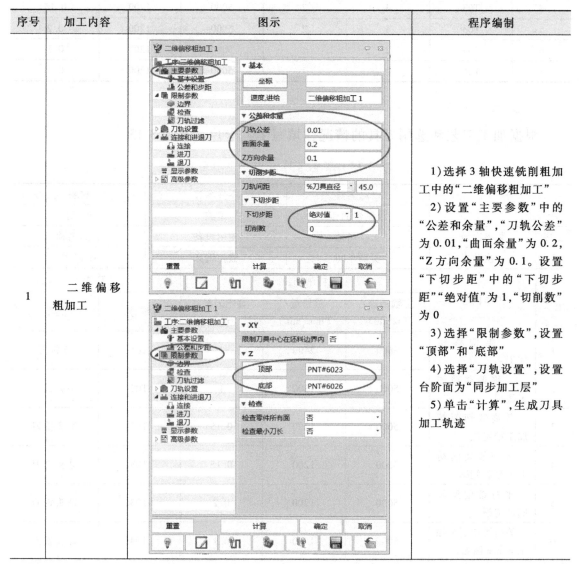	1）选择 3 轴快速铣削粗加工中的"二维偏移粗加工" 2）设置"主要参数"中的"公差和余量"，"刀轨公差"为 0.01，"曲面余量"为 0.2，"Z 方向余量"为 0.1。设置"下切步距"中的"下切步距""绝对值"为 1，"切削数"为 0 3）选择"限制参数"，设置"顶部"和"底部" 4）选择"刀轨设置"，设置台阶面为"同步加工层" 5）单击"计算"，生成刀具加工轨迹

（续）

序号	加工内容	图示	程序编制
1	二维偏移粗加工	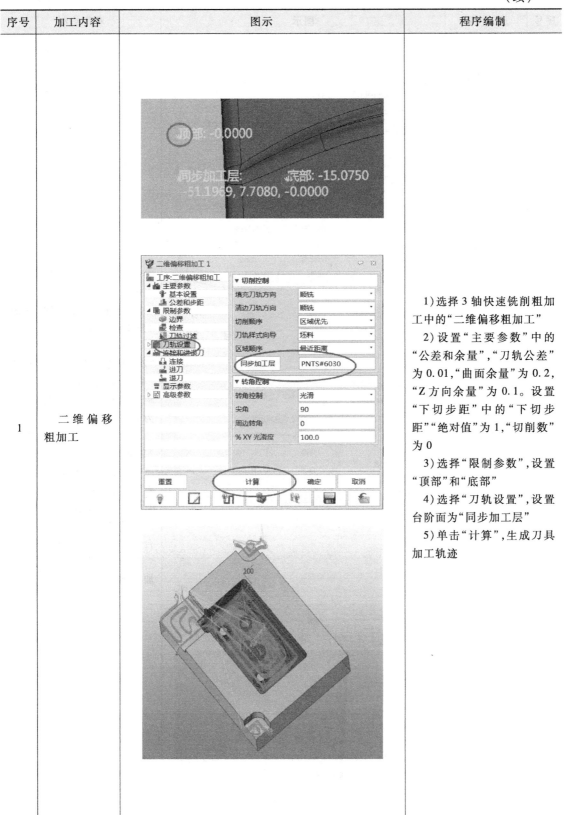	1）选择 3 轴快速铣削粗加工中的"二维偏移粗加工" 2）设置"主要参数"中的"公差和余量"，"刀轨公差"为 0.01，"曲面余量"为 0.2，"Z 方向余量"为 0.1。设置"下切步距"中的"下切步距""绝对值"为 1，"切削数"为 0 3）选择"限制参数"，设置"顶部"和"底部" 4）选择"刀轨设置"，设置台阶面为"同步加工层" 5）单击"计算"，生成刀具加工轨迹

（续）

序号	加工内容	图示	程序编制
2	二维偏移精加工底部	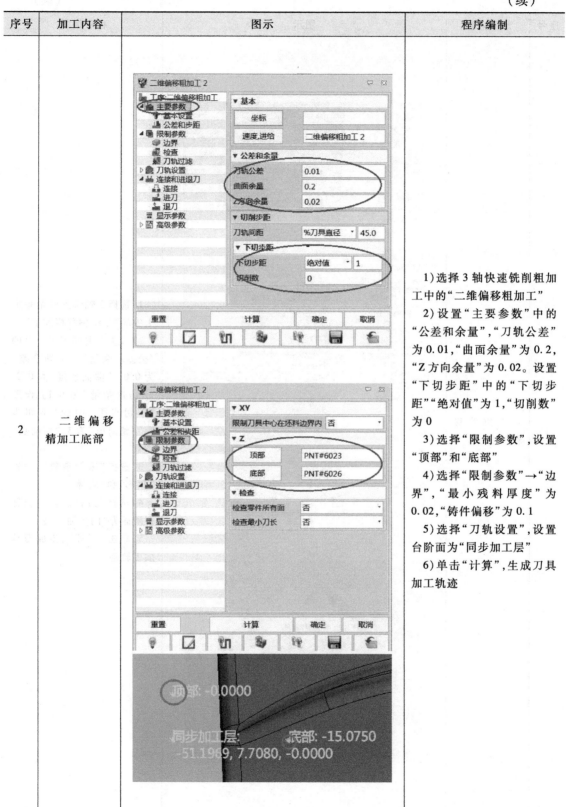	1）选择 3 轴快速铣削粗加工中的"二维偏移粗加工" 2）设置"主要参数"中的"公差和余量"，"刀轨公差"为 0.01，"曲面余量"为 0.2，"Z 方向余量"为 0.02。设置"下切步距"中的"下切步距""绝对值"为 1，"切削数"为 0 3）选择"限制参数"，设置"顶部"和"底部" 4）选择"限制参数"→"边界"，"最小残料厚度"为 0.02，"铸件偏移"为 0.1 5）选择"刀轨设置"，设置台阶面为"同步加工层" 6）单击"计算"，生成刀具加工轨迹

（续）

序号	加工内容	图示	程序编制
2	二维偏移精加工底部	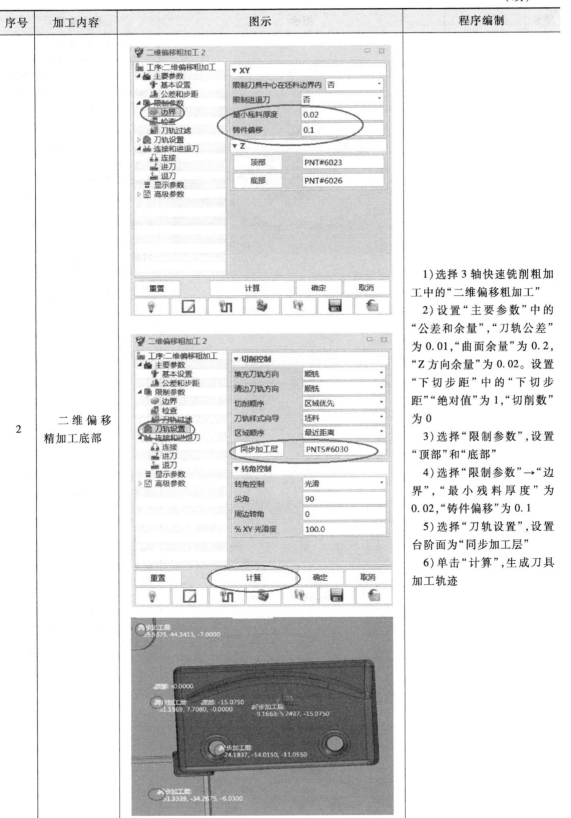	1）选择 3 轴快速铣削粗加工中的"二维偏移粗加工" 2）设置"主要参数"中的"公差和余量","刀轨公差"为 0.01,"曲面余量"为 0.2,"Z 方向余量"为 0.02。设置"下切步距"中的"下切步距""绝对值"为 1,"切削数"为 0 3）选择"限制参数",设置"顶部"和"底部" 4）选择"限制参数"→"边界","最小残料厚度"为 0.02,"铸件偏移"为 0.1 5）选择"刀轨设置",设置台阶面为"同步加工层" 6）单击"计算",生成刀具加工轨迹

（续）

序号	加工内容	图示	程序编制
2	二维偏移精加工底部	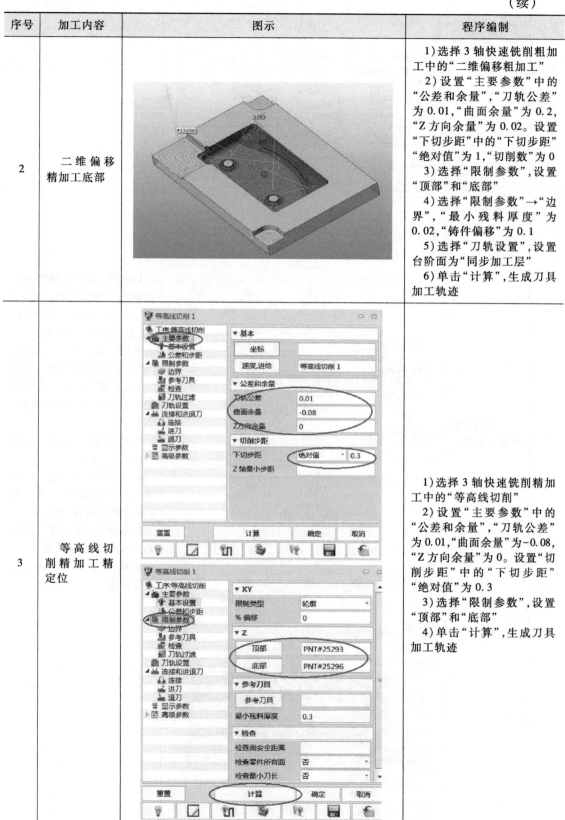	1）选择 3 轴快速铣削粗加工中的"二维偏移粗加工" 2）设置"主要参数"中的"公差和余量"，"刀轨公差"为 0.01，"曲面余量"为 0.2，"Z 方向余量"为 0.02。设置"下切步距"中的"下切步距""绝对值"为 1，"切削数"为 0 3）选择"限制参数"，设置"顶部"和"底部" 4）选择"限制参数"→"边界"，"最小残料厚度"为 0.02，"铸件偏移"为 0.1 5）选择"刀轨设置"，设置台阶面为"同步加工层" 6）单击"计算"，生成刀具加工轨迹
3	等高线切削精加工精定位		1）选择 3 轴快速铣削精加工中的"等高线切削" 2）设置"主要参数"中的"公差和余量"，"刀轨公差"为 0.01，"曲面余量"为 -0.08，"Z 方向余量"为 0。设置"切削步距"中的"下切步距""绝对值"为 0.3 3）选择"限制参数"，设置"顶部"和"底部" 4）单击"计算"，生成刀具加工轨迹

（续）

序号	加工内容	图示	程序编制
3	等高线切削精加工精定位	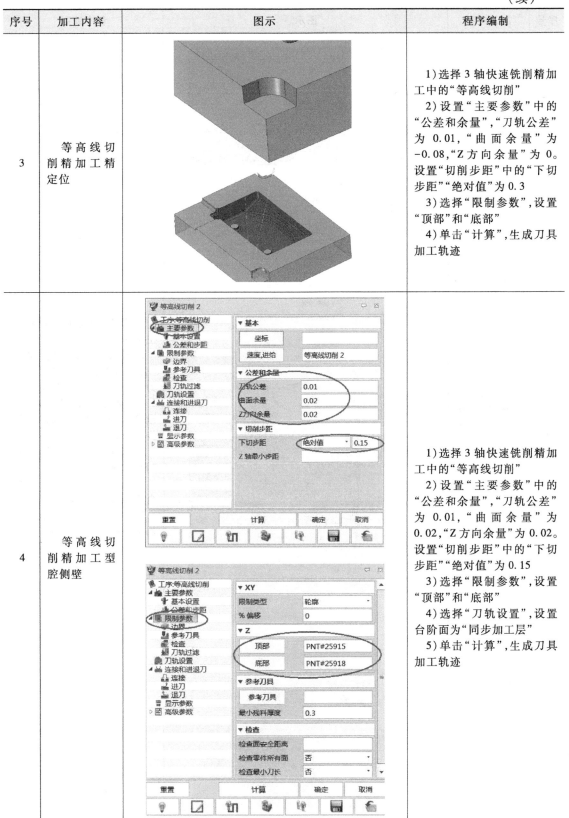	1）选择 3 轴快速铣削精加工中的"等高线切削" 2）设置"主要参数"中的"公差和余量"，"刀轨公差"为 0.01，"曲面余量"为 -0.08，"Z 方向余量"为 0。设置"切削步距"中的"下切步距""绝对值"为 0.3 3）选择"限制参数"，设置"顶部"和"底部" 4）单击"计算"，生成刀具加工轨迹
4	等高线切削精加工型腔侧壁		1）选择 3 轴快速铣削精加工中的"等高线切削" 2）设置"主要参数"中的"公差和余量"，"刀轨公差"为 0.01，"曲面余量"为 0.02，"Z 方向余量"为 0.02。设置"切削步距"中的"下切步距""绝对值"为 0.15 3）选择"限制参数"，设置"顶部"和"底部" 4）选择"刀轨设置"，设置台阶面为"同步加工层" 5）单击"计算"，生成刀具加工轨迹

（续）

序号	加工内容	图示	程序编制
4	等高线切削精加工型腔侧壁	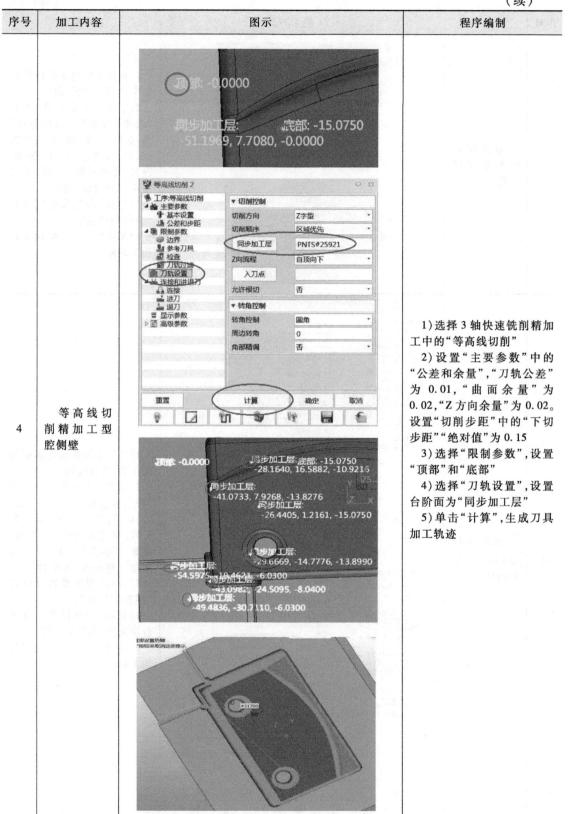	1）选择3轴快速铣削精加工中的"等高线切削" 2）设置"主要参数"中的"公差和余量"，"刀轨公差"为0.01，"曲面余量"为0.02，"Z方向余量"为0.02。设置"切削步距"中的"下切步距""绝对值"为0.15 3）选择"限制参数"，设置"顶部"和"底部" 4）选择"刀轨设置"，设置台阶面为"同步加工层" 5）单击"计算"，生成刀具加工轨迹

（续）

序号	加工内容	图示	程序编制
5	平行铣削型腔底部清根	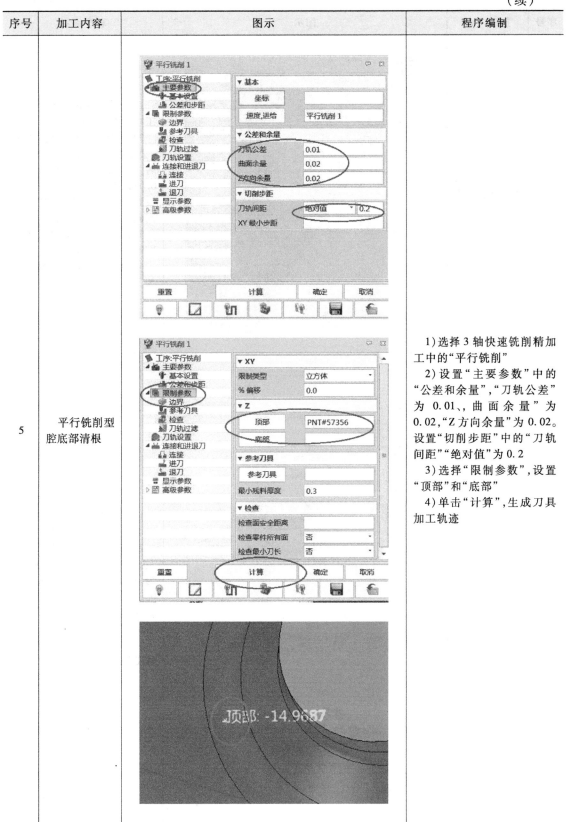	1）选择 3 轴快速铣削精加工中的"平行铣削" 2）设置"主要参数"中的"公差和余量"，"刀轨公差"为 0.01、、曲面余量"为 0.02，"Z 方向余量"为 0.02。设置"切削步距"中的"刀轨间距""绝对值"为 0.2 3）选择"限制参数"，设置"顶部"和"底部" 4）单击"计算"，生成刀具加工轨迹

（续）

序号	加工内容	图示	程序编制
5	平行铣削型腔底部清根	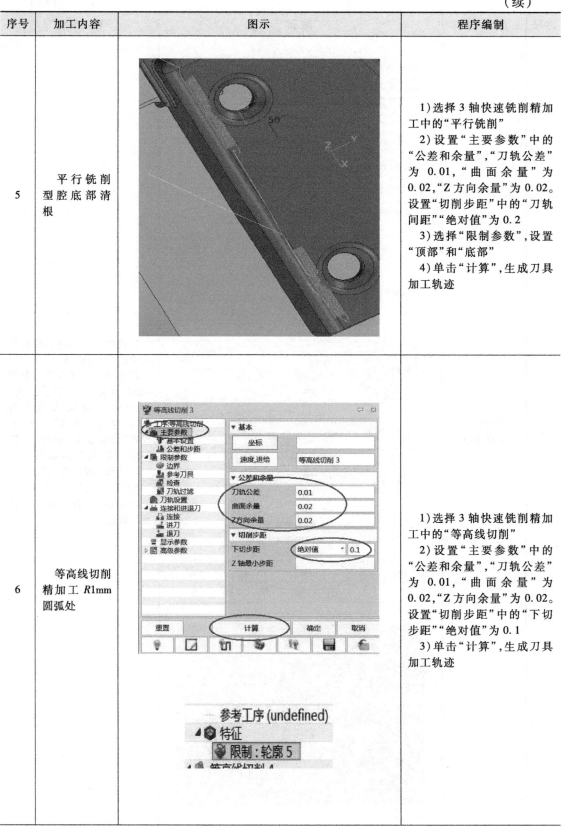	1）选择 3 轴快速铣削精加工中的"平行铣削" 2）设置"主要参数"中的"公差和余量"，"刀轨公差"为 0.01，"曲面余量"为 0.02，"Z 方向余量"为 0.02。设置"切削步距"中的"刀轨间距""绝对值"为 0.2 3）选择"限制参数"，设置"顶部"和"底部" 4）单击"计算"，生成刀具加工轨迹
6	等高线切削精加工 $R1mm$ 圆弧处		1）选择 3 轴快速铣削精加工中的"等高线切削" 2）设置"主要参数"中的"公差和余量"，"刀轨公差"为 0.01，"曲面余量"为 0.02，"Z 方向余量"为 0.02。设置"切削步距"中的"下切步距""绝对值"为 0.1 3）单击"计算"，生成刀具加工轨迹

（续）

序号	加工内容	图示	程序编制
6	等高线切削精加工 $R1mm$ 圆弧处	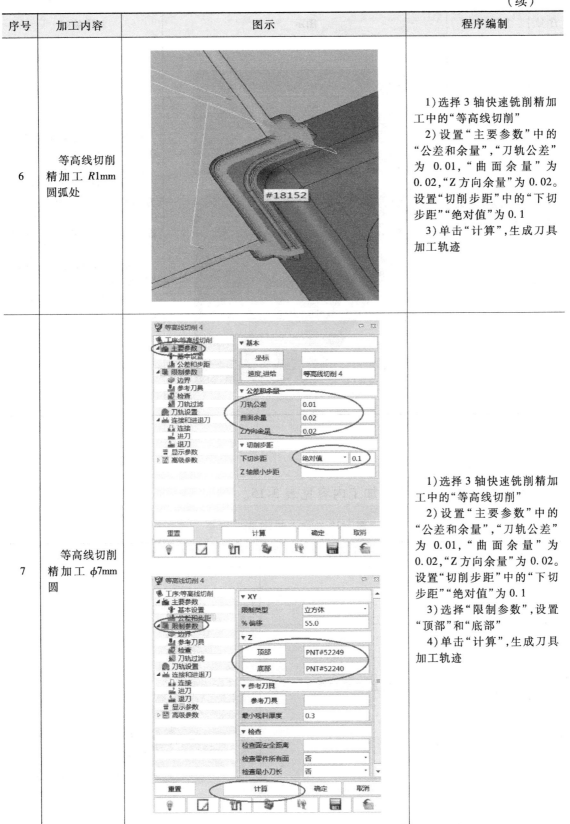	1）选择 3 轴快速铣削精加工中的"等高线切削" 2）设置"主要参数"中的"公差和余量"，"刀轨公差"为 0.01，"曲面余量"为 0.02，"Z 方向余量"为 0.02。设置"切削步距"中的"下切步距""绝对值"为 0.1 3）单击"计算"，生成刀具加工轨迹
7	等高线切削精加工 $\phi7mm$ 圆		1）选择 3 轴快速铣削精加工中的"等高线切削" 2）设置"主要参数"中的"公差和余量"，"刀轨公差"为 0.01，"曲面余量"为 0.02，"Z 方向余量"为 0.02。设置"切削步距"中的"下切步距""绝对值"为 0.1 3）选择"限制参数"，设置"顶部"和"底部" 4）单击"计算"，生成刀具加工轨迹

（续）

序号	加工内容	图示	程序编制
7	等高线切削精加工 φ7mm 圆	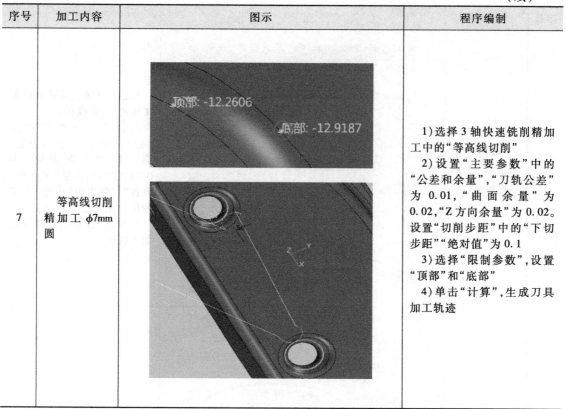	1）选择3轴快速铣削精加工中的"等高线切削" 2）设置"主要参数"中的"公差和余量"，"刀轨公差"为 0.01，"曲面余量"为 0.02，"Z方向余量"为0.02。设置"切削步距"中的"下切步距""绝对值"为0.1 3）选择"限制参数"，设置"顶部"和"底部" 4）单击"计算"，生成刀具加工轨迹

四、加工零件

加工零件时，各工步的加工内容见表3-15。

表3-15　各工步的加工内容

序号	工步	加工内容	加工图示
1	装夹工件	将坯料放在平口钳上，敲紧垫铁	

（续）

序号	工步	加工内容	加工图示
2	建立工件坐标系	分中棒主轴正转 300r/min，先碰触工件左端面，机床录入 X1 位置，再碰触工件右端面，录入 X2 位置，完成 X 方向工件坐标系建立。重复以上操作依次碰触工件后端面和前端面，完成 Y 方向工件坐标系建立 Z 轴移动到工件上表面用对刀棒对刀，确定工件上表面为工件坐标系的 Z 轴零位	
3	二维偏移粗加工	用二维偏移粗加工型芯，留"曲面余量"0.2mm、"Z 方向余量"为 0.1mm	
4	二维偏移精加工底部	用二维偏移精加工型腔底部，留"曲面余量"0.2mm、"Z 方向余量"为 0.02mm	
5	等高线切削精加工精定位	用等高线切削加工精定位，留"曲面余量"为 -0.08mm、"Z 方向余量"为 0mm	

（续）

序号	工步	加工内容	加工图示
6	等高线切削精加工型腔侧壁	用等高线切削加工型腔侧壁，留"曲面余量"为 0.02mm、"Z 方向余量"为 0.02mm	
7	平行铣削型腔底部清根	用平行铣削加工型腔底部清根，留"曲面余量"为 0.02mm、"Z 方向余量"为 0.02mm	
8	等高线切削精加工 R1mm 圆弧处	用等高线切削加工 R1mm 圆弧，留"曲面余量"为 0.02mm、"Z 方向余量"为 0.02mm	
9	等高线切削精加工 ϕ7mm 圆	用等高线切削加工 ϕ7mm 圆，留"曲面余量"为 0.02mm、"Z 方向余量"为 0.02mm	
10	维护保养	卸下工件，清扫、维护机床，将刀具、量具擦净	

五、检测零件

小组成员分工检测零件，并将检测结果填入零件检测表，见表 3-16。

表 3-16　零件检测表

序号	检测项目	检测内容	配分	检测要求	学生自评	老师测评
1	长度	$33.44_{-0.021}^{0}$	5	超差不得分		
2		50.25 ± 0.05	5	超差不得分		
3		$85.22_{0}^{+0.035}$	5	超差不得分		
4	宽度	$31_{0}^{+0.021}$	5	超差不得分		
5		$50.05_{0}^{+0.025}$	5	超差不得分		
6		63.07 ± 0.05	5	超差不得分		
7	高度	3.09	5	超差不得分		
8		$14.97_{0}^{+0.018}$	5	超差不得分		
9		$10.95_{0}^{+0.012}$	5	超差不得分		

（续）

序号	检测项目	检测内容	配分	检测要求	学生自评	老师测评
10	直径	$\phi 7.04$	5	超差不得分		
11		锐角倒钝	5	未处理不得分		
12	几何公差	$\boxed{\perp\ 0.02\ A}$	2.5	超差不得分		
13		$\boxed{\ /\!/\ 0.02\ A}$	2.5	超差不得分		
14	表面质量	$Ra0.8\mu m$	10	超差不得分		
15		$Ra3.2\mu m$	5	超差不得分		
16		去除毛刺飞边	5	未处理不得分		
17	时间	零件按时完成	5	未按时完成不得分		
18	现场操作规范	安全操作	5	按违反操作规程程度扣分		
19		工具和量具使用	5	工具和量具使用错误		
20		设备维护保养	5	违反维护保养规程,每项扣2分		
合计（总分）			100	机床编号	总得分	
开始时间			结束时间		加工时间	

六、工作评价与鉴定

1. 评价（90%）

对任务实施过程进行评价，并将结果填入综合评价表，见表3-17。

表3-17 综合评价表

项目	工艺编制及编程（10%）	机床操作能力（10%）	零件质量（40%）	职业素养（30%）	成绩合计
个人评价					
小组评价					
教师评价					
平均成绩					

2. 鉴定（10%）

学生结合自身收获、指导教师根据任务实施情况，填写实训鉴定表，见表3-18。

表 3-18 实训鉴定表

自我鉴定	
	学生签名：_____ _____年___月___日
指导教师鉴定	指导教师签名：_____ _____年___月___日

七、任务拓展训练

根据本任务相关内容，加工如图 3-14 所示型腔零件。

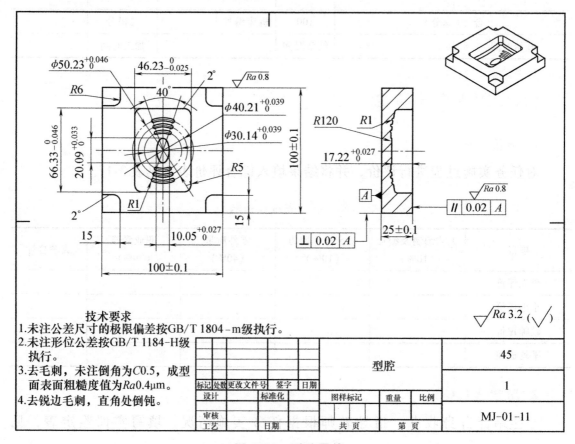

技术要求

1.未注公差尺寸的极限偏差按GB/T 1804-m级执行。

2.未注形位公差按GB/T 1184-H级执行。

3.去毛刺，未注倒角为C0.5，成型面表面粗糙度值为Ra0.4μm。

4.去锐边毛刺，直角处倒钝。

标记	处数	更改文件号	签字	日期		型腔			45
设计		标准化				图样标记	重量	比例	1
审核									MJ-01-11
工艺		日期				共 页		第 页	

图 3-14 型腔零件

任务三　内滑块零件加工

【任务目标】

知识目标	1. 了解内滑块零件的定位和锁紧设计及其在模具中的作用。 2. 熟练掌握内滑块类零件加工工艺安排及编程。
技能目标	1. 学会内滑块零件的多次装夹操作,能够使用轮廓切削、二维偏移、等高线切削等功能完成内滑块类零件的加工。 2. 学会加工内滑块零件的关键配合尺寸。
素养目标	1. 养成安全文明生产和遵守操作规程的意识。 2. 具备良好的人际交往和团队协作能力。

【任务要求】

如图 3-15 所示的内滑块,材料为 45 钢,请根据图样要求,合理制定加工工艺,安全操作机床,保证零件达到规定的精度和表面质量要求。

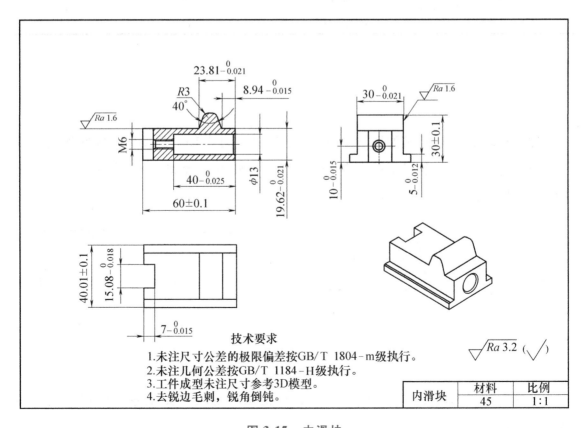

技术要求

1. 未注尺寸公差的极限偏差按GB/T 1804-m级执行。
2. 未注几何公差按GB/T 1184-H级执行。
3. 工件成型未注尺寸参考3D模型。
4. 去锐边毛刺,锐角倒钝。

内滑块	材料	比例
	45	1:1

图 3-15　内滑块

【任务准备】

完成本任务需要准备的实训物品的清单见表 3-19。

表 3-19　实训物品的清单

序号	实训资源	种类	数量	备注
1	机床	AVL850 型数控铣床	6 台	或者其他数控铣床
2	参考资料	《数控铣床编程手册》《数控铣床操作手册》《数控铣床连接调试手册》	3 本	
3	刀具	D10R0	6 把	
		D10R0.5	6 把	
4	量具	测量范围为 0~150mm 的游标卡尺	6 把	
		分中棒	6 个	
5	辅具	平口钳	6 把	
		铜棒	6 根	
		垫铁	6 盒	
6	材料	45 钢	6 块	
7	工具车	铣削工具车	6 辆	

【相关知识】

1. 滑块的基本形式

常用滑块的基本形式如图 3-16 所示。其中，图 3-16a 所示滑块靠底部的倒 T 形部分导滑，该结构多用于较薄的滑块；图 3-16b 所示滑块的导滑面设置在滑块中间，适用于滑块较厚的场合。

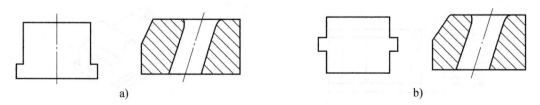

a)　　　　　　　　　　　　　　　　　b)

图 3-16　常用滑块的基本形式

2. 滑块与侧型芯的连接形式

为便于加工和修配，在实际生产中，广泛采用滑块与侧型芯组合在一起的连接形式，如图 3-17 所示。

固定尺寸较小的侧型芯时，往往需要将其尾部尺寸加大并用轴销将其与滑块固定，如图 3-17a 所示；若型芯为圆形且直径较小时，则可用紧定螺钉将型芯顶紧，如图 3-17b 所示；较大型芯可采用燕尾槽连接的形式固定，如图 3-17c 所示；当型芯为薄片时，可采用通槽加销钉的形式固定型芯，如图 3-17d 所示；当有多个侧型芯需要固定时，可把型芯镶入固定板，然后用螺钉、销钉将固定板与滑块固定在一起，如图 3-17e 所示。

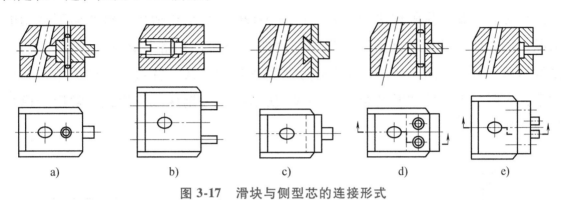

图 3-17　滑块与侧型芯的连接形式

3. 滑块的导滑形式

为保证滑块顺利地完成抽出侧型芯和复位动作，滑块与导滑槽必须配合、导滑良好，如图 3-18 所示。

图 3-18a 所示为整体式结构，其特点是结构紧凑，强度高，稳定性好，但加工和修整较为困难，多用于较小的滑块；图 3-18b 所示为滑块与导滑板组合在一起的形式，其加工、修整方便，多用于中型滑块；图 3-18c 及图 3-18d 所示为滑槽组合镶拼式，滑块的导滑部分采用单独的导滑板或槽板，加工和修整较为方便，多用于较大的滑块。

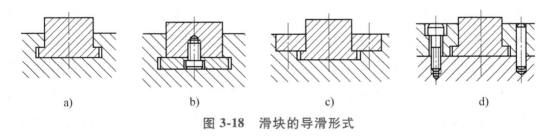

图 3-18　滑块的导滑形式

为确保滑块在导滑槽内平稳运动，其滑动部分必须具有足够的导滑长度。通常情况下，滑块的导滑长度应为滑块宽度的 1.5 倍以上。滑块完成抽芯动作后，留在导滑槽内的长度不应少于滑块长度的 2/3。为减小滑块与导滑槽之间的磨损，二者必须具有足够的硬度。

4. 滑块定位装置的设计

合模时，为了使斜导柱准确、可靠地进入滑块内部的斜孔，必须确保滑块在开模后停留在刚刚脱离斜导柱的位置上。为保证滑块的位置正确，必须设计滑块定位装置。

常用的滑块定位装置如图 3-19 所示。其中，图 3-19a 所示结构广泛应用于滑块向上抽芯且抽芯距离较短的场合，由于弹簧力大于滑块的重力，滑块在向上抽出侧型芯后，紧贴住限位块的下表面；图 3-19b 所示结构适用于滑块向下运动的情况，抽芯后，滑块靠自重下落到限位块的上表面，省略了螺钉、弹簧等装置，结构简单、可靠；图 3-19c 所示结构为弹簧销限位形式，特点是结构简单，制造方便，多用于水平抽芯的场合；图 3-19d 所示结构为钢珠限位形式，常用于模板较薄的场合。

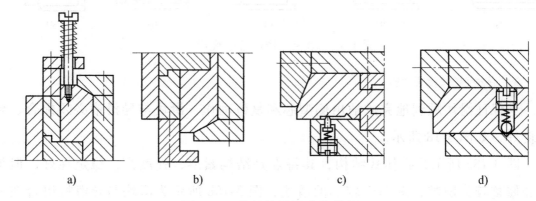

a)   b)   c)   d)

图 3-19 常用的滑块定位装置

5. 锁紧装置的形式

在注射成型过程中，为保证滑块的精确定位，必须设计锁紧装置。常用的滑块锁紧装置如图 3-20 所示。其中，图 3-20a 所示结构适用于侧压力较小的场合。在具体设计时，应尽量使紧固螺钉靠近受力点，并用销钉定位。该结构制造简单，便于调整，但锁紧刚性差，螺钉容易松动。在如图 3-20b 所示结构中，楔紧块的端部由动模板外侧的镶接块辅助锁紧，增加了刚度，但制造工艺较为复杂。在如图 3-20c 和图 3-20d 所示结构中，楔紧块固定在模板内，强度和刚性较好，用于压力较大的场合。图 3-20e 所示为整体锁紧结构，优点是锁紧力大，缺点是材料消耗多，且模板不经热处理，表面硬度低，使用寿命短。图 3-20f 所示结构是对图 3-20e 所示结构的改进，楔紧块可进行热处理，耐磨性好，便于调整，维修方便，但加工工序较多。

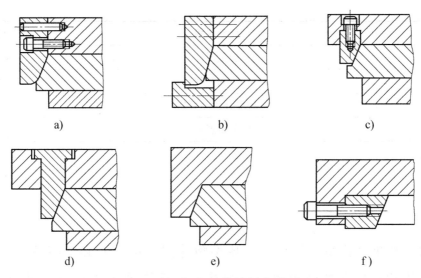

图 3-20　常用的滑块锁紧装置

为了保证斜导柱正常工作，楔紧块的斜角应比斜导柱的倾斜角 α 大 2°～3°，锁紧块的斜角与斜导柱倾斜角的关系如图 3-21 所示。

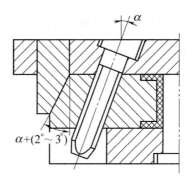

图 3-21　锁紧块的斜角与斜导柱倾斜角的关系

【任务实施】

本任务的实施流程见表 3-20。

表 3-20　任务实施流程

序号	任务流程	学时分配
1	相关知识学习	1 学时
2	图样分析	1 学时
3	制定加工工艺	
4	程序编制	1 学时

（续）

序号	任务流程	学时分配
5	加工零件	4学时
6	检测零件	1学时
7	任务评价与鉴定	1学时
8	任务拓展训练	

一、图样分析

1. 形状分析

该零件为侧抽芯内滑块零件，是成型塑件侧边特征的必要零件。模具在开合模过程中，滑块在压条的轨道里，在弹簧和斜面锁紧块的作用下进行左右滑动，带动滑块镶件对塑件特征进行成型，同时，在塑件顶出前，在弹簧的作用下回退到模架的固定位置。

2. 尺寸分析

零件尺寸主要是滑块侧壁与压条之间的配合尺寸、滑块与型芯零件的配合尺寸、滑块槽与滑块镶件的配合尺寸以及滑块锁紧面与模架锁紧块之间的配合尺寸。滑块的配合尺寸较多，加工时要注意测量镶件、型芯及模架之间的配合尺寸。

3. 其他分析

该零件成型面表面粗糙度值要求为 $Ra1.6\mu m$，其余表面粗糙度值要求为 $Ra3.2\mu m$，未注尺寸公差按标准公差等级 IT12 执行，零件加工完成后需去除加工过程中产生的毛刺和飞边。

二、制定加工工艺

1. 选择刀具及切削用量

通过对零件进行加工工艺分析，选择加工刀具，并编制刀具卡片，见表 3-21。

表 3-21 刀具卡片（参考）

工步	刀具号	直径/mm	圆角半径/mm	切削用量		
				主轴转速/（r/min）	进给量/（mm/r）	背吃刀量/mm
1	T01	10	0	3000	4000	1
2	T01	10	0	5000	1200	0.1

（续）

工步	刀具号	直径/ mm	圆角半径/ mm	切削用量		
				主轴转速/ （r/min）	进给量/ （mm/r）	背吃刀量/ mm
3	T01	10	0	3000	4000	0.5
4	T01	10	0	5000	1200	0.1
5	T02	10	0.5	4000	4000	1
6	T02	10	0.5	5000	1200	0.1
7	T02	10	0.5	5000	4000	0.2

2. 填写工艺卡

根据加工工艺和选用刀具的情况，填写工艺卡片，见表3-22。

表 3-22 工艺卡片（可学生填写）

	产品名称	零件名称		材料
	控制器面盖	滑块		45 钢
工序	装夹次数	工作场地	使用设备	夹具名称
1	两次装夹	实训车间	数控铣床	平口钳

工步	工步内容	切削用量			刀具	
		主轴转速/ （r/min）	进给量/ （mm/min）	背吃刀量/ mm	编号	类型
1	第一次装夹轮廓切削粗加工方槽	3000	4000	1	T01	立铣刀
2	第一次装夹轮廓切削精加工方槽	5000	1200	0.1	T01	立铣刀
3	第二次装夹轮廓切削粗加工侧壁	3000	4000	0.5	T01	立铣刀
4	第二次装夹轮廓切削精加工侧壁	5000	1200	0.1	T01	立铣刀
5	第二次装夹二维偏移粗加工滑块	4000	4000	1	T02	立铣刀

（续）

工步	工步内容	切削用量			刀具	
		主轴转速/（r/min）	进给量/（mm/min）	背吃刀量/mm	编号	类型
6	第二次装夹二维偏移精加工滑块底面	5000	1200	0.1	T02	立铣刀
7	第二次装夹等高线切削精加工凸台	5000	4000	0.2	T02	立铣刀
编制		审核		批准		日期

三、程序编制

零件各项加工内容的程序编制见表 3-23。

表 3-23　程序编制

序号	加工内容	图示	程序编制
1	第一次装夹轮廓切削粗加工方槽	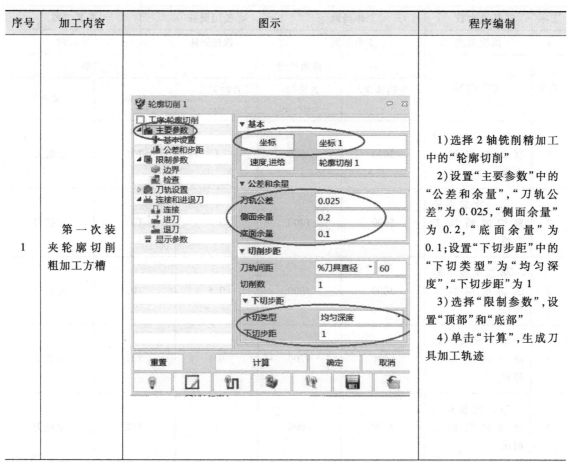	1）选择 2 轴铣削精加工中的"轮廓切削" 2）设置"主要参数"中的"公差和余量"，"刀轨公差"为 0.025，"侧面余量"为 0.2，"底面余量"为 0.1；设置"下切步距"中的"下切类型"为"均匀深度"，"下切步距"为 1 3）选择"限制参数"，设置"顶部"和"底部" 4）单击"计算"，生成刀具加工轨迹

（续）

序号	加工内容	图示	程序编制
1	第一次装夹轮廓切削粗加工方槽	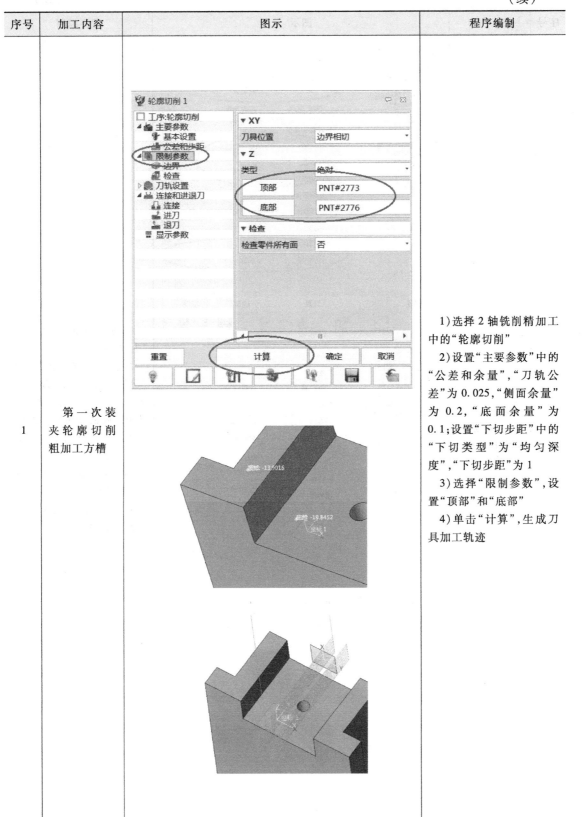	1）选择 2 轴铣削精加工中的"轮廓切削" 2）设置"主要参数"中的"公差和余量"，"刀轨公差"为 0.025，"侧面余量"为 0.2，"底面余量"为 0.1；设置"下切步距"中的"下切类型"为"均匀深度"，"下切步距"为 1 3）选择"限制参数"，设置"顶部"和"底部" 4）单击"计算"，生成刀具加工轨迹

（续）

序号	加工内容	图示	程序编制
2	第一次装夹轮廓切削精加工方槽	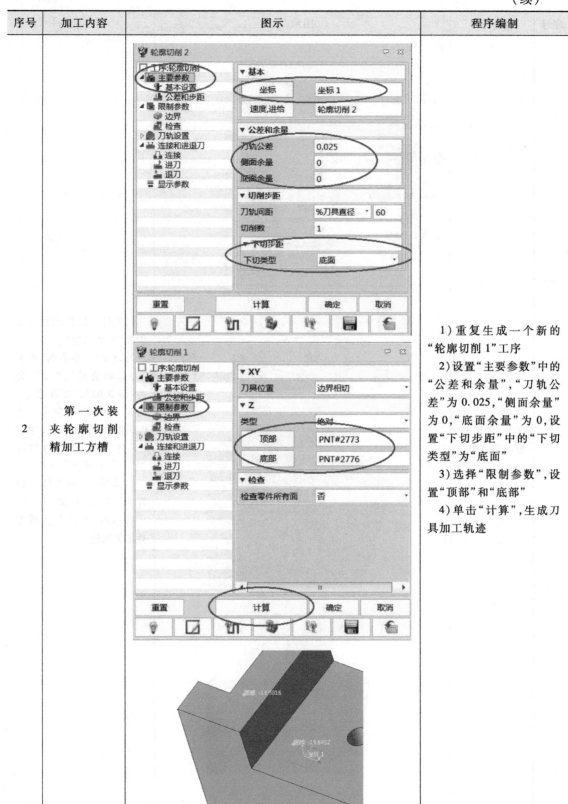	1）重复生成一个新的"轮廓切削1"工序 2）设置"主要参数"中的"公差和余量"，"刀轨公差"为0.025，"侧面余量"为0，"底面余量"为0，设置"下切步距"中的"下切类型"为"底面" 3）选择"限制参数"，设置"顶部"和"底部" 4）单击"计算"，生成刀具加工轨迹

（续）

序号	加工内容	图示	程序编制
2	第 一 次 装夹轮廓切削精加工方槽	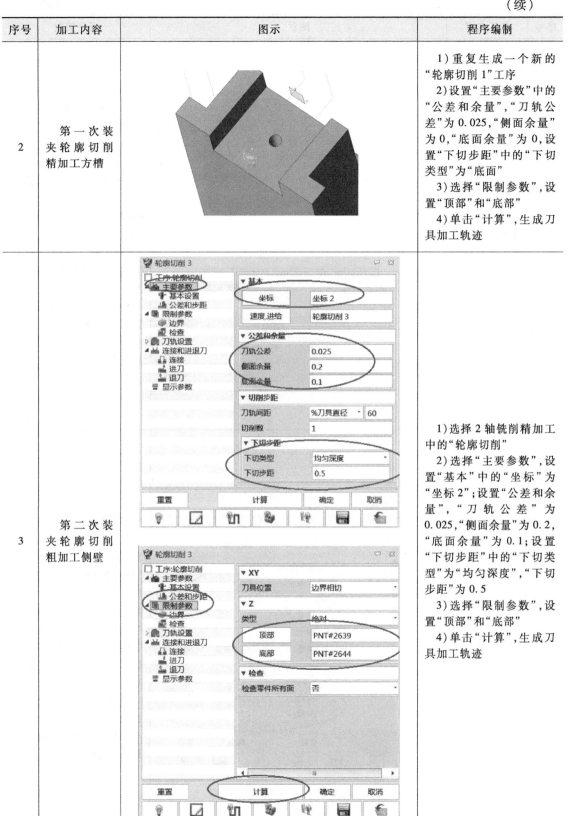	1）重复生成一个新的"轮廓切削1"工序 2）设置"主要参数"中的"公差和余量"，"刀轨公差"为 0.025，"侧面余量"为 0，"底面余量"为 0，设置"下切步距"中的"下切类型"为"底面" 3）选择"限制参数"，设置"顶部"和"底部" 4）单击"计算"，生成刀具加工轨迹
3	第 二 次 装夹轮廓切削粗加工侧壁		1）选择 2 轴铣削精加工中的"轮廓切削" 2）选择"主要参数"，设置"基本"中的"坐标"为"坐标2"；设置"公差和余量"，"刀轨公差"为0.025，"侧面余量"为0.2，"底面余量"为0.1；设置"下切步距"中的"下切类型"为"均匀深度"，"下切步距"为0.5 3）选择"限制参数"，设置"顶部"和"底部" 4）单击"计算"，生成刀具加工轨迹

（续）

序号	加工内容	图示	程序编制
3	第二次装夹轮廓切削粗加工侧壁	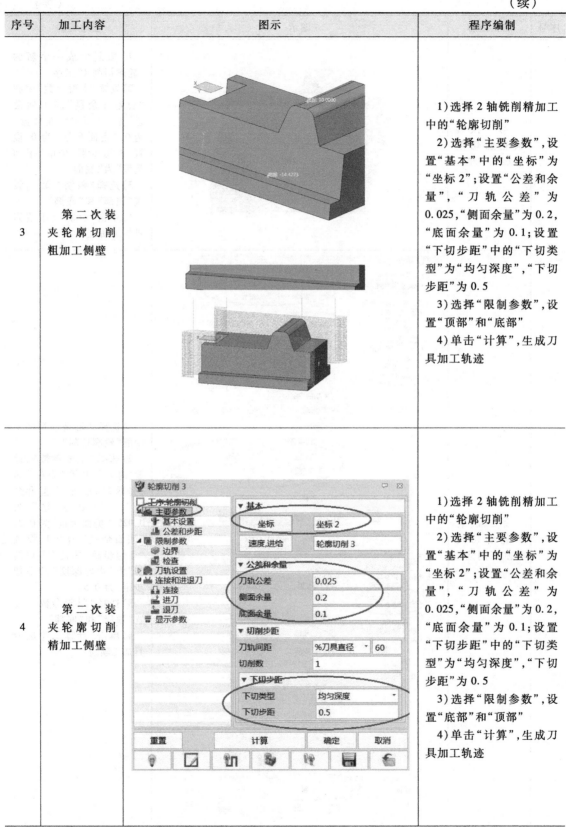	1）选择 2 轴铣削精加工中的"轮廓切削" 2）选择"主要参数"，设置"基本"中的"坐标"为"坐标 2"；设置"公差和余量"，"刀轨公差"为 0.025，"侧面余量"为 0.2，"底面余量"为 0.1；设置"下切步距"中的"下切类型"为"均匀深度"，"下切步距"为 0.5 3）选择"限制参数"，设置"顶部"和"底部" 4）单击"计算"，生成刀具加工轨迹
4	第二次装夹轮廓切削精加工侧壁		1）选择 2 轴铣削精加工中的"轮廓切削" 2）选择"主要参数"，设置"基本"中的"坐标"为"坐标 2"；设置"公差和余量"，"刀轨公差"为 0.025，"侧面余量"为 0.2，"底面余量"为 0.1；设置"下切步距"中的"下切类型"为"均匀深度"，"下切步距"为 0.5 3）选择"限制参数"，设置"底部"和"顶部" 4）单击"计算"，生成刀具加工轨迹

（续）

序号	加工内容	图示	程序编制
4	第二次装夹轮廓切削精加工侧壁	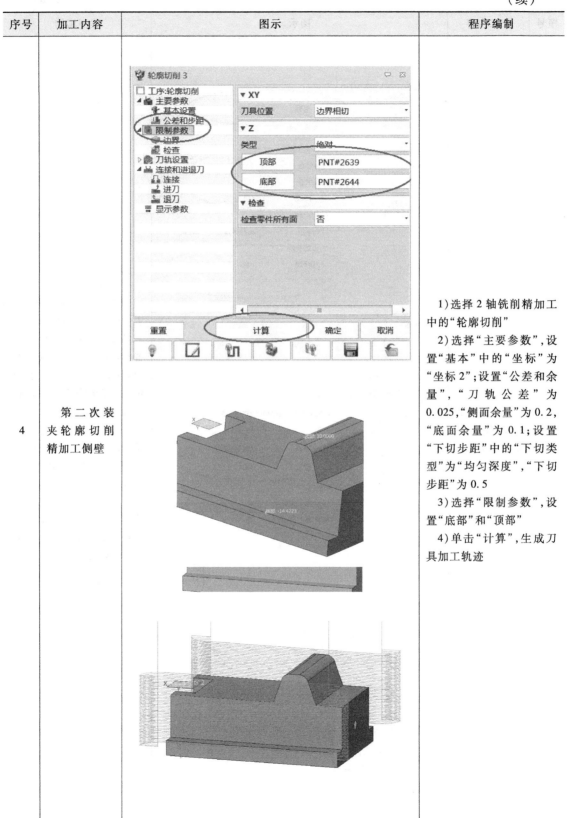	1）选择 2 轴铣削精加工中的"轮廓切削" 2）选择"主要参数"，设置"基本"中的"坐标"为"坐标 2"；设置"公差和余量"，"刀轨公差"为0.025，"侧面余量"为 0.2，"底面余量"为 0.1；设置"下切步距"中的"下切类型"为"均匀深度"，"下切步距"为 0.5 3）选择"限制参数"，设置"底部"和"顶部" 4）单击"计算"，生成刀具加工轨迹

（续）

序号	加工内容	图示	程序编制
5	第二次装夹二维偏移粗加工滑块	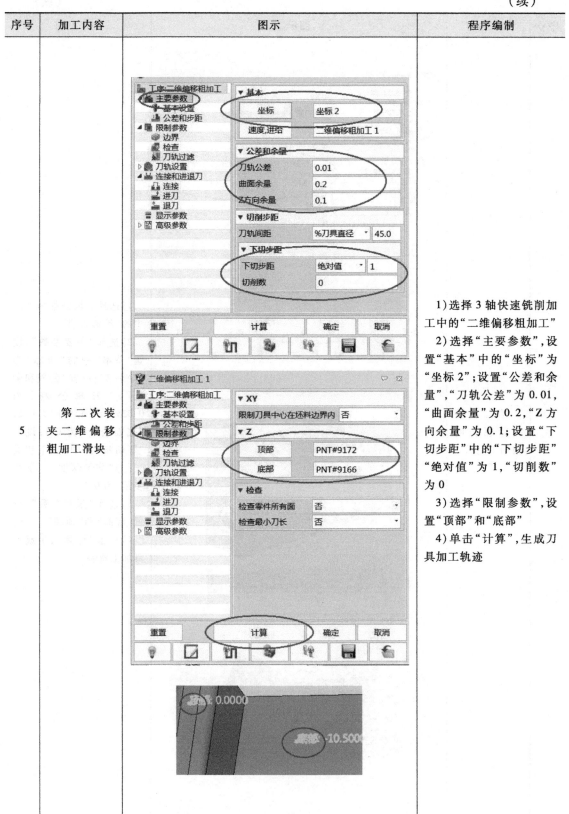	1）选择 3 轴快速铣削加工中的"二维偏移粗加工" 2）选择"主要参数"，设置"基本"中的"坐标"为"坐标 2"；设置"公差和余量"，"刀轨公差"为 0.01，"曲面余量"为 0.2，"Z 方向余量"为 0.1；设置"下切步距"中的"下切步距""绝对值"为 1，"切削数"为 0 3）选择"限制参数"，设置"顶部"和"底部" 4）单击"计算"，生成刀具加工轨迹

（续）

序号	加工内容	图示	程序编制
5	第二次装夹二维偏移粗加工滑块	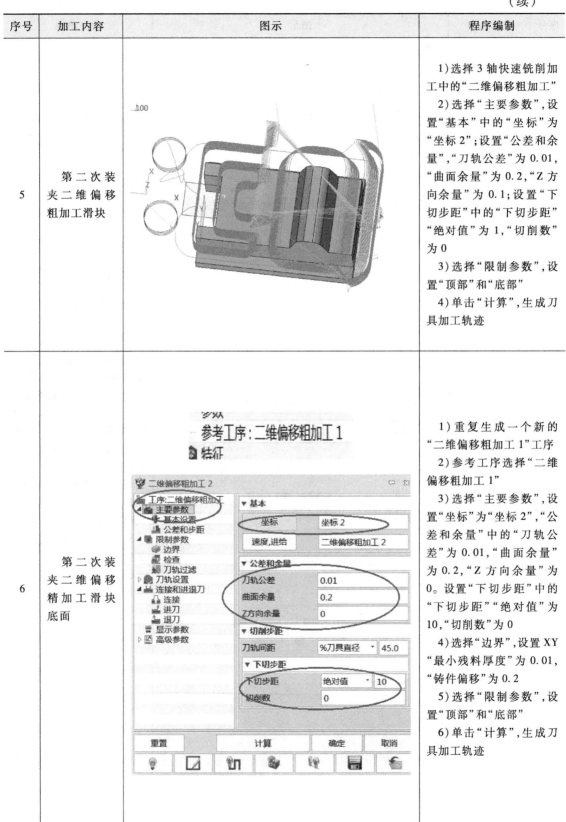	1）选择3轴快速铣削加工中的"二维偏移粗加工" 2）选择"主要参数"，设置"基本"中的"坐标"为"坐标2"；设置"公差和余量"，"刀轨公差"为0.01，"曲面余量"为0.2，"Z方向余量"为0.1；设置"下切步距"中的"下切步距""绝对值"为1，"切削数"为0 3）选择"限制参数"，设置"顶部"和"底部" 4）单击"计算"，生成刀具加工轨迹
6	第二次装夹二维偏移精加工滑块底面		1）重复生成一个新的"二维偏移粗加工1"工序 2）参考工序选择"二维偏移粗加工1" 3）选择"主要参数"，设置"坐标"为"坐标2"，"公差和余量"中的"刀轨公差"为0.01，"曲面余量"为0.2，"Z方向余量"为0。设置"下切步距"中的"下切步距""绝对值"为10，"切削数"为0 4）选择"边界"，设置XY"最小残料厚度"为0.01，"铸件偏移"为0.2 5）选择"限制参数"，设置"顶部"和"底部" 6）单击"计算"，生成刀具加工轨迹

（续）

序号	加工内容	图示	程序编制
6	第二次装夹二维偏移精加工滑块底面	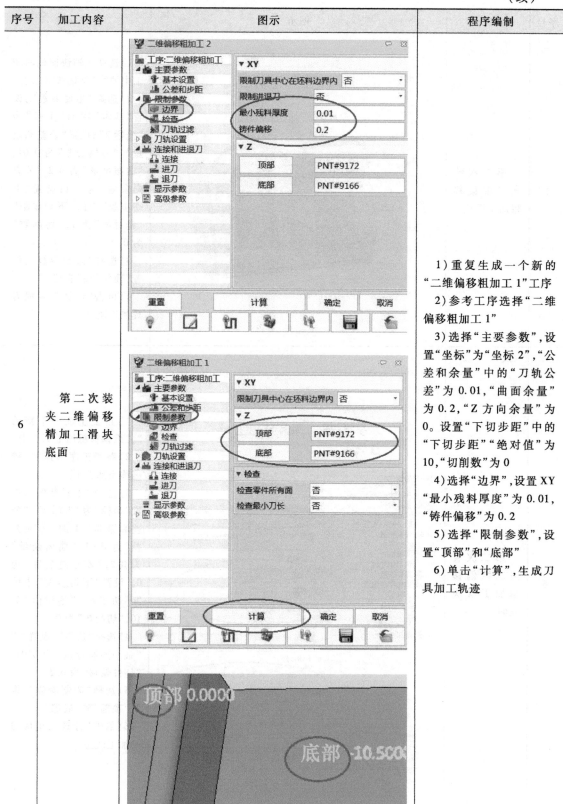	1）重复生成一个新的"二维偏移粗加工1"工序 2）参考工序选择"二维偏移粗加工1" 3）选择"主要参数"，设置"坐标"为"坐标2"，"公差和余量"中的"刀轨公差"为0.01，"曲面余量"为0.2，"Z方向余量"为0。设置"下切步距"中的"下切步距""绝对值"为10，"切削数"为0 4）选择"边界"，设置XY"最小残料厚度"为0.01，"铸件偏移"为0.2 5）选择"限制参数"，设置"顶部"和"底部" 6）单击"计算"，生成刀具加工轨迹

（续）

序号	加工内容	图示	程序编制
6	第二次装夹二维偏移精加工滑块底面	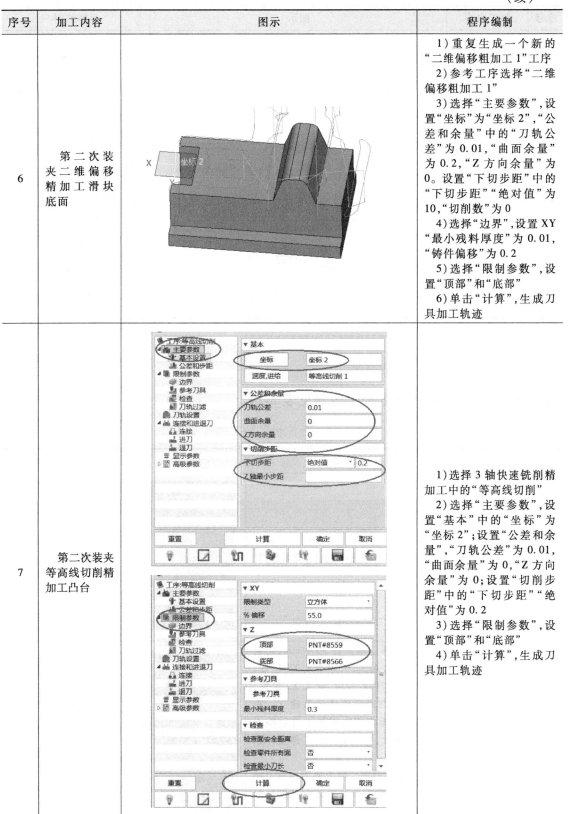	1）重复生成一个新的"二维偏移粗加工1"工序 2）参考工序选择"二维偏移粗加工1" 3）选择"主要参数"，设置"坐标"为"坐标2"，"公差和余量"中的"刀轨公差"为0.01，"曲面余量"为0.2，"Z方向余量"为0。设置"下切步距"中的"下切步距""绝对值"为10，"切削数"为0 4）选择"边界"，设置XY"最小残料厚度"为0.01，"铸件偏移"为0.2 5）选择"限制参数"，设置"顶部"和"底部" 6）单击"计算"，生成刀具加工轨迹
7	第二次装夹等高线切削精加工凸台		1）选择3轴快速铣削精加工中的"等高线切削" 2）选择"主要参数"，设置"基本"中的"坐标"为"坐标2"；设置"公差和余量"，"刀轨公差"为0.01，"曲面余量"为0，"Z方向余量"为0；设置"切削步距"中的"下切步距""绝对值"为0.2 3）选择"限制参数"，设置"顶部"和"底部" 4）单击"计算"，生成刀具加工轨迹

（续）

序号	加工内容	图示	程序编制
7	第二次装夹等高线切削精加工凸台	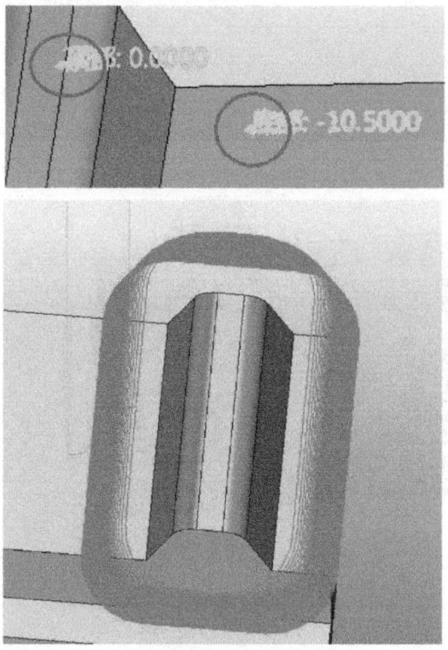	1）选择 3 轴快速铣削精加工中的"等高线切削" 2）选择"主要参数"，设置"基本"中的"坐标"为"坐标 2"；设置"公差和余量"，"刀轨公差"为 0.01，"曲面余量"为 0，"Z 方向余量"为 0；设置"切削步距"中的"下切步距""绝对值"为 0.2 3）选择"限制参数"，设置"顶部"和"底部" 4）单击"计算"，生成刀具加工轨迹

四、加工零件

加工零件时，各工步的加工内容见表 3-24。

表 3-24　各工步的加工内容

序号	工步	加工内容	加工图示
1	第一次装夹工件	将坯料放在平口钳上，敲紧垫铁	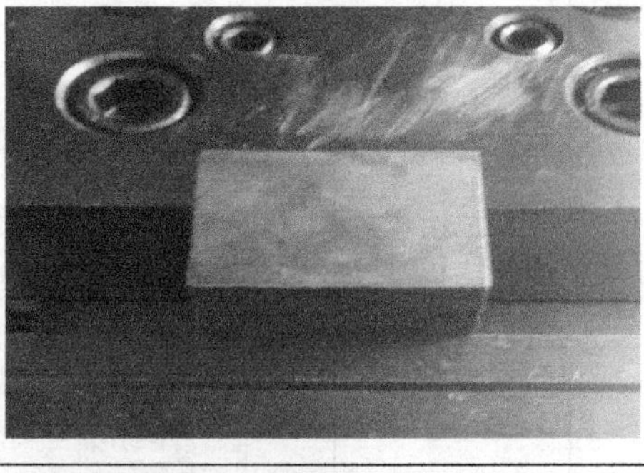
2	建立工件坐标系	分中棒主轴正转 300r/min，先碰触工件左端面，机床录入 X1 位置，再碰触工件右端面，录入 X2 位置，完成 X 方向工件坐标系建立。重复以上操作依次碰触工件后端面和前端面，完成 Y 方向工件坐标系建立 Z 轴移动到工件上表面用对刀棒对刀，确定工件上表面为工件坐标系的 Z 轴零位	

（续）

序号	工步	加工内容	加工图示
3	第一次装夹轮廓切削粗加工方槽	用轮廓切削粗加工滑块方槽位置，留"侧面余量"0.2mm、"底面余量"0.1mm	
4	滑块精加工	用轮廓切削精加工滑块方槽位置，留"曲面余量"0mm、"Z方向余量"0mm	
5	第二次装夹工件	将滑块放在平口钳上，敲紧垫铁	
6	建立工件坐标系	分中棒主轴正转 300r/min，先碰触工件左端面，机床录入 X1 位置，再碰触工件右端面，录入 X2 位置，完成 X 方向工件坐标系建立。重复以上操作依次碰触工件后端面和前端面，完成 Y 方向工件坐标系建立 Z轴移动到工件上表面用对刀棒对刀，确定工件上表面为工件坐标系的 Z 轴零位	
7	第二次装夹轮廓切削粗加工侧壁	用轮廓切削粗加工滑块侧壁，留"侧面余量"0.2mm、"底面余量"0.1mm	
8	第二次装夹轮廓切削精加工侧壁	用轮廓切削精加工侧壁精加工侧壁，留"曲面余量"0mm，留"Z方向余量"0mm	

（续）

序号	工步	加工内容	加工图示
9	第二次装夹二维偏移粗加工滑块	用二维偏移粗加工粗加工滑块，留"曲面余量"0.2mm、"Z方向余量"0.1mm、"下切步距""绝对值"为1mm	
10	第二次装夹二维偏移精加工滑块底面	用二维偏移粗加工，加工滑块底面，留"曲面余量"0.2mm，"Z方向余量"0mm	
11	第二次装夹等高线切削精加工凸台	用等高线切削精加工凸台，留"曲面余量"0mm，"Z方向余量"0mm	
12	维护保养	卸下工件，清扫、维护机床，将刀具、量具擦净	

五、检测零件

小组成员分工检测零件，并将检测结果填入零件检测表，见表3-25。

表3-25 零件检测表

序号	检测项目	检测内容	配分	检测要求	学生自评	老师测评
1	长度	$8.94_{-0.015}^{0}$	5	超差不得分		
2		$7_{-0.015}^{0}$	5	超差不得分		
3		$23.81_{-0.021}^{0}$	5	超差不得分		
4	宽度	$15.08_{-0.018}^{0}$	5	超差不得分		
5		$30_{-0.021}^{0}$	5	超差不得分		

（续）

序号	检测项目	检测内容	配分	检测要求	学生自评	老师测评
6	高度	$5_{-0.012}^{0}$	10	超差不得分		
7		$19.62_{-0.021}^{0}$	10	超差不得分		
8	圆角	$R3$	5	超差不得分		
9	角度	$40°$	5	超差不得分		
10	表面质量	$Ra1.6\mu m$	5	超差不得分		
11		$Ra3.2\mu m$	5	超差不得分		
12		去除毛刺飞边	5	未处理不得分		
13	时间	工件按时完成	10	未按时完成不得分		
14	现场操作规范	安全操作	10	按违反操作规程程度扣分		
15		工具和量具使用	5	工具和量具使用错误，每项扣2分		
16		设备维护保养	5	违反维护保养规程，每项扣2分		
合计（总分）			100	机床编号	总得分	
开始时间			结束时间		加工时间	

六、工作评价与鉴定

1. 评价（90%）

对任务实施过程进行评价，并将结果填入综合评价表，见表3-26。

表3-26　综合评价表

项目	工艺编制及编程（10%）	机床操作能力（10%）	零件质量（40%）	职业素养（30%）	成绩合计
个人评价					
小组评价					
教师评价					
平均成绩					

2. 鉴定（10%）

学生结合自身收获、指导教师根据任务实施情况，填写实训鉴定表，见表3-27。

表 3-27　实训鉴定表

自我鉴定	学生签名：_____ _____年___月___日
指导教师鉴定	指导教师签名：_____ _____年___月___日

七、任务拓展训练

根据本任务相关内容，加工如图 3-22 所示滑块零件。

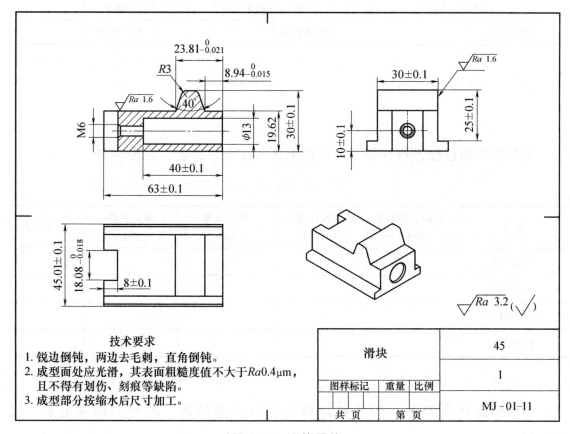

技术要求

1. 锐边倒钝，两边去毛刺，直角倒钝。
2. 成型面处应光滑，其表面粗糙度值不大于 Ra0.4μm，且不得有划伤、刻痕等缺陷。
3. 成型部分按缩水后尺寸加工。

滑块	45
	1
图样标记	重量	比例	MJ-01-11
共　页	第　页	

图 3-22　滑块零件

任务四　内滑块镶件零件加工

【任务目标】

知识目标	1. 了解内滑块镶件成型零件的结构及其在模具中的作用。 2. 掌握镶件类零件加工工艺安排及编程。
技能目标	1. 学会设置合适的参数,使用等高线切削、平行铣削功能完成镶件类零件的加工。 2. 学会加工内滑块镶件零件的关键配合尺寸。
素养目标	1. 养成安全文明生产的和遵守操作规程的意识。 2. 养成良好的人际交往和团队协作能力。

【任务要求】

如图 3-23 所示的内滑块镶件,材料为 45 钢,请根据图样要求,合理制定加工工艺,安全操作机床,保证零件达到规定的精度和表面质量要求。

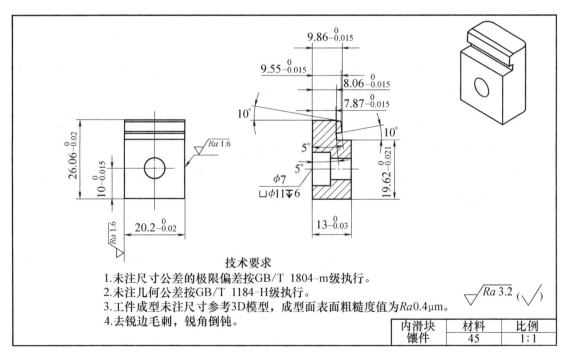

图 3-23　内滑块镶件

【任务准备】

完成本任务需要准备的实训物品的清单见表 3-28。

表 3-28　实训物品的清单

序号	实训资源	种类	数量	备注
1	机床	AVL850 型数控铣床	6 台	或者其他数控铣床
2	参考资料	《数控铣床编程手册》 《数控铣床操作手册》 《数控铣床连接调试手册》	3 本	
3	刀具	D8R0.5	6 把	
		D2R0	6 把	
		D2R1	6 把	
4	量具	测量范围为 0~150mm 的游标卡尺	6 把	
		分中棒	6 个	
5	辅具	平口钳	6 把	
		铜棒	6 根	
		垫铁	6 盒	
6	材料	45 钢	6 块	
7	工具车	铣削工具车	6 辆	

【相关知识】

一、镶件

镶件是一个泛用词，在模具里专门指的是用于镶嵌在模具中的不规则模具配件，起到固定模板和填充模板之间空间的作用。

镶件可以是方形、圆形、片型，和所有模具配件一样，对精密度的要求也非常高。一般没有成品，按照模具的需要进行定做。

镶件可分为镶针、镶块、镶柱、镶圈等，材料通常为热作模具钢、高速钢、硬质合金、陶瓷等耐磨材料，硬度一般为 50HRC 以上。

镶件的作用如下：

1）从结构上：镶件是工业化的需要，模具厂可以只做模芯，镶件、模架由外协公司提供。

2）从材料上：不同部位可能有不同的强度及温度要求，镶件可以充分发挥其不同的功能，可以更大程度地节省一些材料成本，获得更多的受益，降低整体模具的造价。

3）从工艺上：镶件带来机械加工的方便、灵活，避免复杂加工，同时注射时镶件的间隙可起到排气的作用。

4）从互换上：易损件使用镶件，更换方便，省时省钱。模具一般都是一腔多模，所以拆下的几个镶件后都是一样的，可以互换的，这样加工也方便，安装也简单。

5）方便加工：有些模具结构非常复杂，加工时间较长，且整体加工风险大，如果某一处有损伤，模具就要报废。

6）提高效率：拆开之后可以多方面加工（同时加工），显著提高效率。

7）方便抛光：因模具高低不平，结构较复杂，导致有些位置很难抛光到位，镶件能有效避免这一问题。

8）改模方便：当产品部分位置提出升级改进时，镶件可方便改模，而不必新做一套模具。

9）散热：与水道冷却作用一样，增加了一种散热方式，避免在很狭窄的地方散热不好，单独隔绝出来，防止注射时塑胶流通不畅，导致产品不良。

10）保证精度：拆掉镶件之后能更好地对镶件单独精加工、研磨，使其精度更高。

二、注射模的结构组成

注射模是一种生产塑胶制品的工具，也是赋予塑胶制品完整结构和精确尺寸的工具。注射成型是批量生产某些形状复杂部件时用到的一种加工方法，具体指将受热融化的塑料由注射机高压射入模腔，经冷却固化后，得到成型品。模具的结构虽然可能由于塑料品种和性能、塑料制品的形状和结构以及注射机的类型等不同而千变万化，但是基本结构是一致的。模具主要由浇注系统、调温系统、成型零件和结构零件组成，还设置有排气口。其中，浇注系统和成型零件是与塑料直接接触的部分，并随塑料和制品的不同而变化，是模具中最复杂、变化最大的部分，要求的表面粗糙度值小和精度最高。

注射模由动模和定模两部分组成，动模安装在注射机的移动模板上，定模安装在注射机的固定模板上。在注射成型时动模与定模闭合构成浇注系统和型腔，开模时动模和定模分离以便取出塑料制品。为了减少模具设计和制造的工作量，注射模大多采用了标准模架。

1. 浇注系统

浇注系统是指塑料从射嘴进入型腔前的流道部分，包括主流道、冷料穴、分流道和浇口等。浇注系统又称流道系统，它是将塑料熔体由注射机喷嘴引向型腔的一组进料通道，会直接关系到塑料制品的成型质量和生产率。

2. 调温系统

为了满足注射工艺对模具温度的要求，需要有调温系统对模具的温度进行调节。对于热塑性塑料用注射模，主要是设计冷却系统使模具冷却。模具冷却的常用办法是在模具内开设冷却水通道，利用循环流动的冷却水带走模具的热量；模具的加热除可利用冷却水通道中的热水或蒸汽外，还可在模具内部和周围安装电加热元件。

3. 成型零部件

成型零部件是指成型制品形状的各种零件，包括凹模、型芯、镶块、成型杆和成型环等。成型零部件由型芯和凹模组成。型芯成型制品的内表面形状，凹模成型制品的外表面形状。合模后型芯和型腔便构成了模具的型腔。按工艺和制造要求，有时型芯和凹模由若干拼块组合而成，有时为一整体，仅在易损坏、难加工的部位采用镶件。

4. 结构零部件

结构零部件是指构成模具结构的各种零件，包括导向、脱模、抽芯以及分型的各种零件，如前后夹板、前后扣模板、承压板、承压柱、导向柱、脱模板、脱模杆及回程杆等。

5. 排气口

排气口是在模具中开设的一种槽形出气口，用以排出原有的及熔料带入的气体，熔料注入型腔时，原存于型腔内的空气以及由熔体带入的气体必须在料流的尽头通过排气口向模外排出，否则将会使制品带有气孔、充模不满，积存空气甚至会因受压缩产生高温而将制品烧伤。一般情况下，排气孔既可设在型腔内熔料流动的尽头，也可设在塑模的分型面上。后者是在凹模一侧开设深 0.03~0.2mm、宽 1.5~6mm 的浅槽。注射中，排气孔不会有很多熔料渗出，因为熔料会在该处冷却固化将通道堵死。排气口的开设位置切勿对着操作人员，以防熔料意外喷出伤人。此外，还可利用顶出杆与顶出孔的配合间隙，顶块和脱模板与型芯的配合间隙等来排气。

三、模具保养注意事项

1. 对重要零部件进行重点跟踪检测

顶出、导向部件的作用是确保模具开合运动及塑件顶出，若其中任何部位因损伤而卡住，将导致停产，故应经常保持模具顶针、导柱的润滑（要选用最适合的润滑剂），并定期检查顶针、导柱等是否发生变形及表面损伤，一经发现，要及时更换。完成一个生产周期之后，要对模具工作表面、运动部件、导向部件涂覆专业的防锈油，尤应重视对带有齿轮、齿条模具轴承部位和弹簧模具的弹力强度的保护，以确保其始终处于最佳工作状态。随着生产持续进行，冷却道易沉积水垢、锈蚀、淤泥及水藻等，使冷却流道截面变小、冷却通道变窄，大大降低冷却液与模具之间的热交换率，增加企业生产成本，因此对流道的清理应引起重视。对于热流道模具而言，加热及控制系统的保养有利于防止生产故障的发生，故尤为重要。因此，每个生产周期结束后都应对模具上的带式加热器、棒式加热器、加热探针及热电偶等用欧姆表进行测量，如有损坏，要及时更换，并与模具履历表进行比较，做好记录，以便及时发现问题，采取应对措施。

2. 模具的表面保养

模具的表面状态会直接影响产品的表面质量，重点是防止锈蚀，因此，选用一种合适、优质、专业的防锈油尤为重要。当模具完成生产任务后，应根据不同注射工艺采取不同方法，仔细清除残余物，可用铜棒、铜丝及专业模具清洗剂清除模具内残余物及其他沉积物，然后风干。禁用铁丝、钢条等坚硬物件清理，以免划伤表面。若有腐蚀性物体引起的锈点，则要使用研磨机研磨抛光，并喷上专业的防锈油，然后将模具置于干燥、阴凉、无粉尘处。

【任务实施】

本任务的实施流程见表 3-29。

表 3-29　任务实施流程

序号	任务流程	学时分配
1	相关知识学习	
2	图样分析	3 学时
3	制定加工工艺	
4	程序编制	1 学时
5	加工零件	4 学时
6	检测零件	1 学时
7	任务评价与鉴定	1 学时
8	任务拓展训练	

一、图样分析

1. 形状分析

该零件为内滑块镶件，与内滑块一起对塑件产品内部倒扣进行成型。

2. 尺寸分析

零件尺寸主要是镶件侧边与内滑块槽的配合尺寸、镶件的顶面与型芯槽的配合尺寸，两处位置配合间隙应≤0.02mm，否则注塑成型时会漏胶。镶件的成型尺寸对应塑件的尺寸，在加工过程中，要注意对其进行测量检验。

3. 其他分析

该零件配合面表面粗糙度值要求为$Ra1.6\mu m$，成型面表面粗糙度值要求为$Ra0.4\mu m$，其余表面粗糙度值要求为$Ra3.2\mu m$，未注尺寸公差按标准公差等级IT12执行，零件加工完成后需去除加工过程中产生的毛刺和飞边。

二、制定加工工艺

1. 选择刀具及切削用量

通过对零件进行加工工艺分析，选择加工刀具，并编制刀具卡片，见表3-30。

表3-30 刀具卡片（参考）

工步	刀具号	直径/mm	圆角半径/mm	主轴转速/(r/min)	进给量/(mm/r)	背吃刀量/mm
1	T01	8	0.5	3600	1200	0.2
2	T02	2	0	5000	1200	0.2
3	T03	2	1	5000	1200	0.2

2. 填写工艺卡

根据加工工艺和选用刀具的情况，填写工艺卡片，见表3-31。

表3-31 工艺卡片（可学员填写）

	产品名称	零件名称	材料
	控制器面盖	内滑块镶件	45钢
工序	装夹次数	工作场地	使用设备	夹具名称
1	一次装夹	实训车间	数控铣床	平口钳

工步	工步内容	主轴转速/(r/min)	进给量/(mm/min)	背吃刀量/mm	编号	类型
1	等高线切削开粗	3600	1200	0.2	T01	牛鼻铣刀
2	等高线切削加工成型面	5000	1200	0.2	T02	立铣刀

（续）

工步	工步内容	切削用量			刀具	
		主轴转速/ （r/min）	进给量/ （mm/min）	背吃刀量/ mm	编号	类型
3	平行铣削加工碰穿面	5000	1200	0.2	T03	球头铣刀
编制		审核		批准		日期

三、程序编制

零件各项加工内容的程序编制见表 3-32。

表 3-32　程序编制

序号	加工内容	图示	程序编制
1	等高线切削开粗	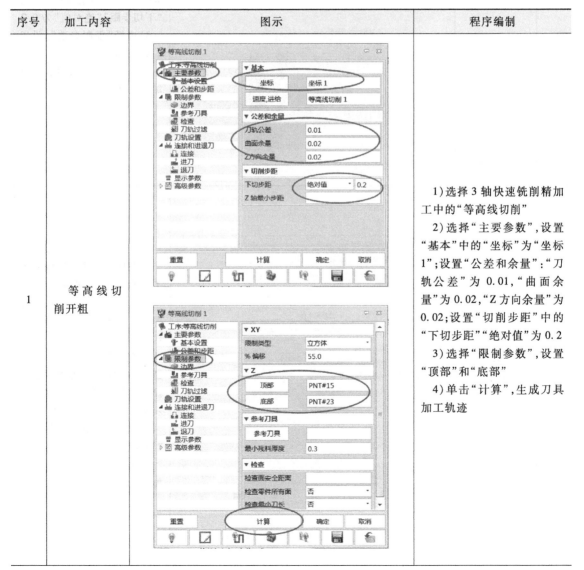	1）选择 3 轴快速铣削精加工中的"等高线切削" 2）选择"主要参数"，设置"基本"中的"坐标"为"坐标1"；设置"公差和余量"："刀轨公差"为 0.01，"曲面余量"为 0.02，"Z 方向余量"为 0.02；设置"切削步距"中的"下切步距""绝对值"为 0.2 3）选择"限制参数"，设置"顶部"和"底部" 4）单击"计算"，生成刀具加工轨迹

（续）

序号	加工内容	图示	程序编制
1	等高线切削开粗	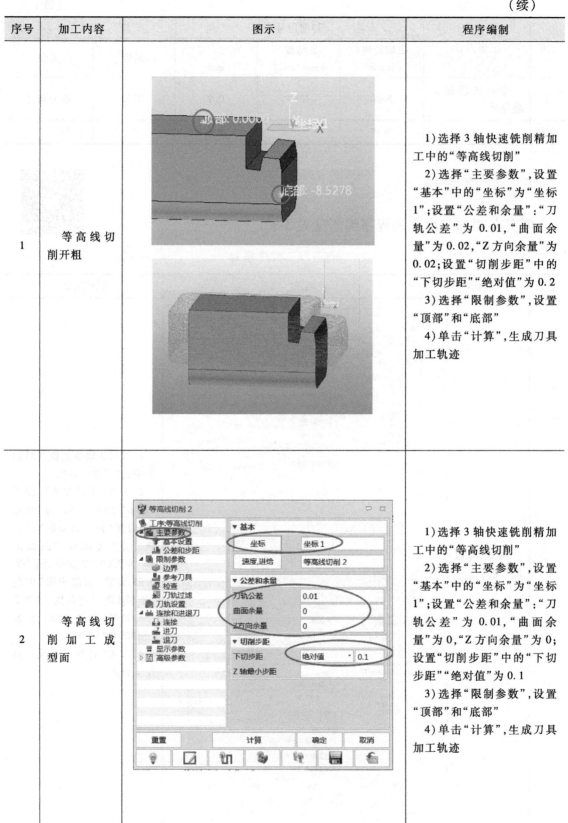	1）选择 3 轴快速铣削精加工中的"等高线切削" 2）选择"主要参数"，设置"基本"中的"坐标"为"坐标1"；设置"公差和余量"："刀轨公差"为 0.01，"曲面余量"为 0.02，"Z 方向余量"为0.02；设置"切削步距"中的"下切步距""绝对值"为 0.2 3）选择"限制参数"，设置"顶部"和"底部" 4）单击"计算"，生成刀具加工轨迹
2	等高线切削加工成型面		1）选择 3 轴快速铣削精加工中的"等高线切削" 2）选择"主要参数"，设置"基本"中的"坐标"为"坐标1"；设置"公差和余量"："刀轨公差"为 0.01，"曲面余量"为 0，"Z 方向余量"为 0；设置"切削步距"中的"下切步距""绝对值"为 0.1 3）选择"限制参数"，设置"顶部"和"底部" 4）单击"计算"，生成刀具加工轨迹

（续）

序号	加工内容	图示	程序编制
2	等高线切削加工成型面	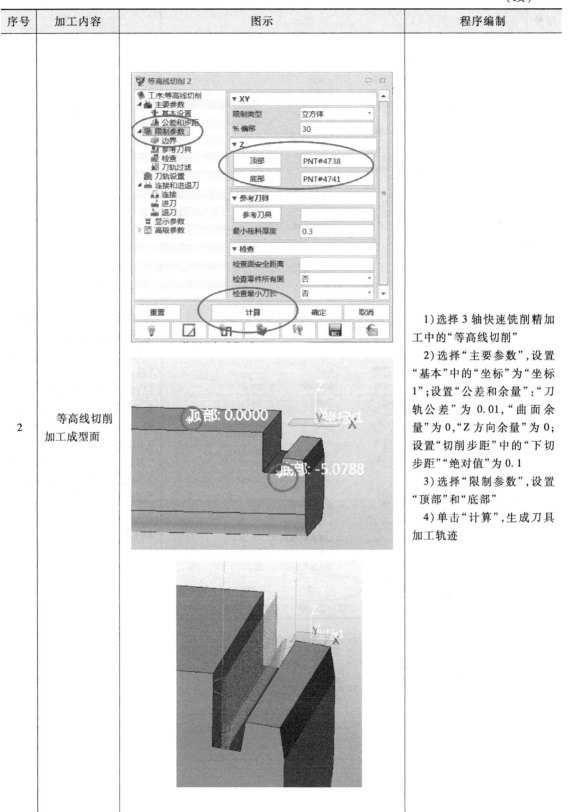	1）选择 3 轴快速铣削精加工中的"等高线切削" 2）选择"主要参数"，设置"基本"中的"坐标"为"坐标1"；设置"公差和余量"："刀轨公差"为 0.01，"曲面余量"为 0，"Z 方向余量"为 0；设置"切削步距"中的"下切步距""绝对值"为 0.1 3）选择"限制参数"，设置"顶部"和"底部" 4）单击"计算"，生成刀具加工轨迹

（续）

序号	加工内容	图示	程序编制
3	平行铣削加工碰穿面	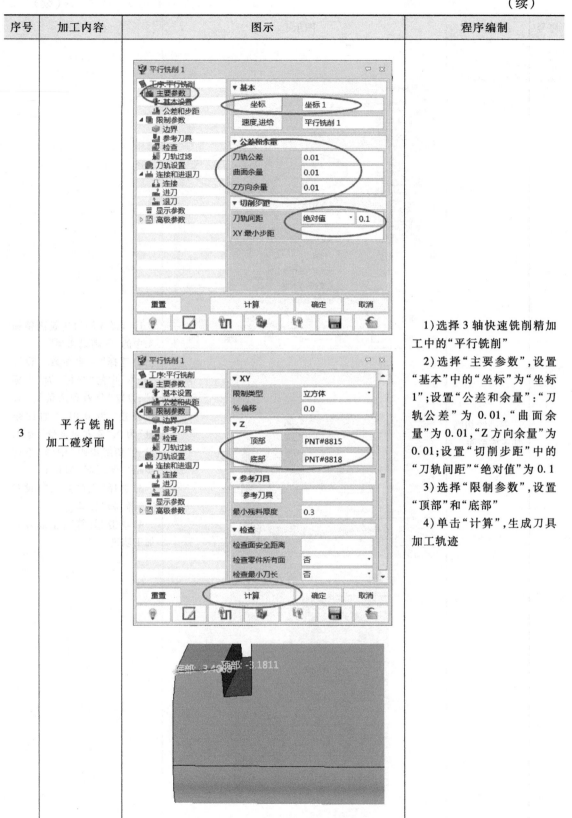	1）选择 3 轴快速铣削精加工中的"平行铣削" 2）选择"主要参数"，设置"基本"中的"坐标"为"坐标1"；设置"公差和余量"："刀轨公差"为 0.01，"曲面余量"为 0.01，"Z 方向余量"为0.01；设置"切削步距"中的"刀轨间距""绝对值"为 0.1 3）选择"限制参数"，设置"顶部"和"底部" 4）单击"计算"，生成刀具加工轨迹

（续）

序号	加工内容	图示	程序编制
3	平行铣削加工碰穿面	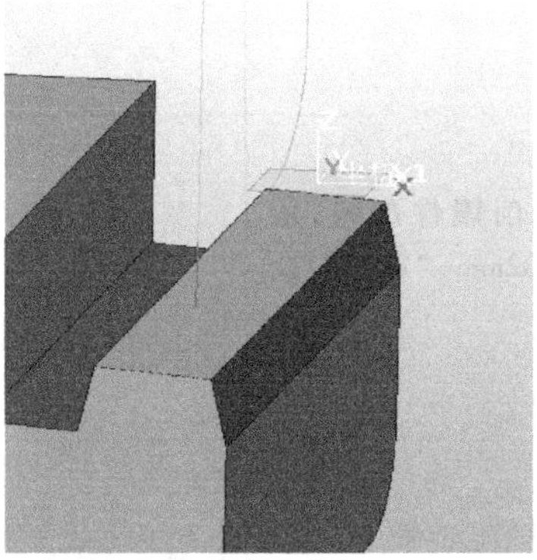	1）选择 3 轴快速铣削精加工中的"平行铣削" 2）选择"主要参数"，设置"基本"中的"坐标"为"坐标1"；设置"公差和余量"："刀轨公差"为 0.01，"曲面余量"为 0.01，"Z 方向余量"为0.01；设置"切削步距"中的"刀轨间距""绝对值"为 0.1 3）选择"限制参数"，设置"顶部"和"底部" 4）单击"计算"，生成刀具加工轨迹

四、加工零件

加工零件时，各工步的加工内容见表 3-33。

表 3-33　各工步的加工内容

序号	工步	加工内容	加工图示
1	装夹工件	将坯料放在平口钳上，敲紧垫铁	
2	建立工件坐标系	分中棒主轴正转 300r/min，先碰触工件左端面，机床录入 X1位置，再碰触工件右端面，录入X2 位置，完成 X 方向工件坐标系建立。重复以上操作依次碰触工件后端面和前端面，完成 Y方向工件坐标系建立 Z 轴移动到工件上表面用对刀棒对刀，确定工件上表面为工件坐标系的 Z 轴零位	

（续）

序号	工步	加工内容	加工图示
3	等高线切削开粗	用等高线切削镶件配料,留"曲面余量"0.02mm、"Z 方向余量"0.02mm	
4	等高线切削加工成型面	用等高线切削加工镶件凹槽,留"曲面余量"0mm、"Z 方向余量"0mm	
5	平行铣削加工碰穿面	用平行铣削加工凹槽顶部,留"曲面余量"0.01mm、"Z 方向余量"0.01mm	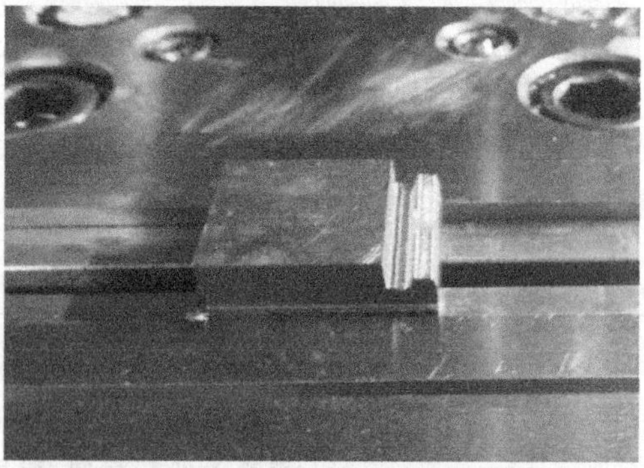
6	维护保养	卸下工件,清扫、维护机床,将刀具、量具擦净	

五、检测零件

小组成员分工检测零件，并将检测结果填入零件检测表，见表 3-34。

表 3-34　零件检测表

序号	检测项目	检测内容	配分	检测要求	学生自评	老师测评
1	长度	$7.87_{-0.015}^{0}$	5	超差不得分		
2		$9.86_{-0.015}^{0}$	5	超差不得分		
3		$9.55_{-0.015}^{0}$	5	超差不得分		
4	宽度	$20.2_{-0.02}^{0}$	5	超差不得分		
5	高度	$19.62_{-0.021}^{0}$	10	超差不得分		
6		$26.06_{-0.02}^{0}$	10	超差不得分		
7	角度	$10°$	10	超差不得分		
8		$10°$	10	超差不得分		
9	表面质量	$Ra1.6\mu m$	5	超差不得分		
10		$Ra3.2\mu m$	5	超差不得分		
11		去除毛刺飞边	5	未处理不得分		
12	时间	工件按时完成	10	未按时完成不得分		
13	现场操作规范	安全操作	5	按违反操作规程程度扣分		
14		工具和量具使用	5	工具和量具使用错误，每项扣 2 分		
15		设备维护保养	5	违反维护保养规程，每项扣 2 分		
合计（总分）			100	机床编号	总得分	
开始时间			结束时间		加工时间	

六、工作评价与鉴定

1. 评价（90%）

对任务实施过程进行评价，并将结果填入综合评价表，见表 3-35。

表 3-35　综合评价表

项目	工艺编制及编程（10%）	机床操作能力（10%）	零件质量（40%）	职业素养（30%）	成绩合计
个人评价					
小组评价					

（续）

项目	工艺编制及编程 （10%）	机床操作能力 （10%）	零件质量 （40%）	职业素养 （30%）	成绩合计
教师评价					
平均成绩					

2. 鉴定（10%）

学生结合自身收获、指导教师根据任务实施情况，填写实训鉴定表，见表 3-36。

表 3-36　实训鉴定表

自我鉴定	
	学生签名：_____ _____年___月___日
指导教师鉴定	
	指导教师签名：_____ _____年___月___日

七、任务拓展训练

根据本任务相关内容，加工如图 3-24 所示镶件零件。

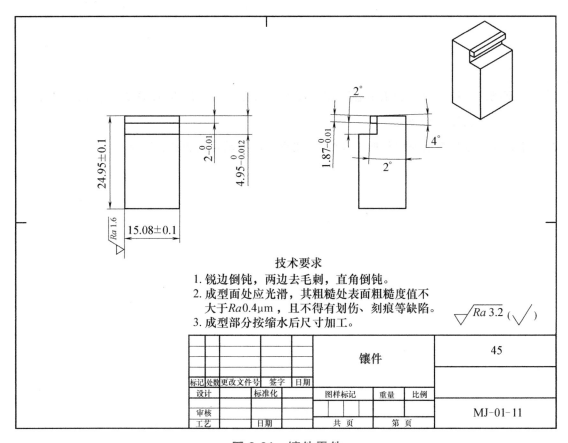

技术要求

1. 锐边倒钝，两边去毛刺，直角倒钝。
2. 成型面处应光滑，其粗糙处表面粗糙度值不
   大于$Ra0.4\mu m$，且不得有划伤、刻痕等缺陷。
3. 成型部分按缩水后尺寸加工。

$\sqrt{Ra\,3.2}\,(\sqrt{\ })$

					镶件			45
标记	处数	更改文件号	签字	日期				
设计		标准化			图样标记		重量	比例
审核								MJ-01-11
工艺		日期			共　页		第　页	

图 3-24　镶件零件

参 考 文 献

［1］ 于万成. 数控铣削（加工中心）加工技术与综合实训（FANUC 系统）［M］. 北京：机械工业出版社，2015.

［2］ 于万成. 数控铣削编程及加工［M］. 北京：高等教育出版社，2018.